校舍安全工程知识问答

本书编委会 编

中国建筑工业出版社

图书在版编目(CIP)数据

校舍安全工程知识问答/本书编委会编. —北京：中国建筑工业出版社，2011.6
ISBN 978-7-112-13263-8

Ⅰ.①校… Ⅱ.①本… Ⅲ.①教育建筑-抗震结构-安全工程-问题解答②教育建筑-抗震加固-安全工程-问题解答 Ⅳ.①TU244-44

中国版本图书馆 CIP 数据核字(2011)第 095449 号

责任编辑：张莉英
责任设计：张　虹
责任校对：赵　颖　王雪竹

校舍安全工程知识问答
本书编委会　编

*

中国建筑工业出版社出版、发行(北京西郊百万庄)
各地新华书店、建筑书店经销
北京天成排版公司制版
北京云浩印刷有限责任公司印刷

*

开本：787×1092 毫米　1/32　印张：5¾　字数：129 千字
2011 年 6 月第一版　　2011 年 6 月第一次印刷
定价：**15.00 元**
ISBN 978-7-112-13263-8
(20700)

版权所有　翻印必究
如有印装质量问题，可寄本社退换
(邮政编码　100037)

《校舍安全工程知识问答》
编委会

编委会主任：何劲松

编委会副主任：刘占军　冷传才

编委会委员：谢国斌　段　凯　郭秋生　黄莹莹
　　　　　　蒋长忠　焦振刚　康国俊　李文峰
　　　　　　李　欣　李勇会　兰　丽　刘　焱
　　　　　　卢华德　马　强　马　骏　王　虹
　　　　　　王长军　吴　东　岳德伟　姚　君
　　　　　　郑红梅　张　逊　张　浩　张　健
　　　　　　赵　勇

前 言

2008年5月12日我国汶川发生里氏8.0级地震，2010年4月14日玉树发生里氏7.1级地震，伤亡惨重，成为无数国人挥之不去的伤痛记忆。灾害当前，人民的生命和财产安全受到极大威胁。

2009年，党中央国务院体民情，顺民意，正式启动全国中小学校舍安全工程，经过鉴定排查，有36817万平方米需要抗震加固，通过校安工程的实施，全面改善中小学校舍安全状况，切实提高中小学校舍综合防灾能力，将中小学校舍建成最牢固、最安全和人民群众最放心的地方。

北京市贯彻落实中央精神，于2009年5月8日率先召开部署会，成立组织机构，正式启动校安工程实施，经过排查鉴定后，需要抗震加固的校舍面积为650万平方米。两年来，北京市编规划、定细则、做实验，不断优化设计方案；筹资金、减税费、抓创新，统筹简化审批程序。通过在技术和政策两个层面的努力，北京市中小学校舍安全工程进展顺利，在工作中积累了一些做法和经验。

校舍安全工程是攻坚工程，同时也需要建立长效机制。为指导校安工程的实施，我们组织了参与校舍安全工程的各方面专家编写了这本问答手册。

本书从校舍安全大局出发，从抗震加固工程实践出发，结合北京市的实际情况，并结合减灾防震基本知识，从政策、技术等层面对校舍安全工程的建设流程、工程管理等内容以问答的形式进行了讲解，基本涵盖了校舍安全工程实施中普遍涉及的问题。但由于时间和水平有限，书中一定还有不少疏漏和不妥之处，还请广大读者提出批评指正意见。

本书在编写过程中得到很多单位和个人的大力支持和协助：全国中小学校舍安全工程领导小组办公室、北京市中小学校舍安全工程领导小组办公室、北京市教育委员会、北京市住房和城乡建设委员会、北京市规划委员会、北京市公安局消防局、北京市建筑设计研究院、北京城市建设学校等，在此表示感谢。

希望这本书成为相关人员工作实践的好帮手，在校舍安全工程工作中发挥积极有效的作用。

本书编委会
2011 年 5 月 8 日

目 录

(一) 常识篇 ·· 1

1. 什么是地震? ·· 1
2. 地震的四个基本参数是什么? ······················ 1
3. 什么叫震源、震中、震中距? ······················ 1
4. 什么叫震源深度?何谓浅源地震、深源地震、中源地震? ·· 1
5. 什么是近震和远震? ································· 1
6. 什么是震级?影响震级的因素有什么? ·········· 2
7. 地震按震级大小可分为哪几类? ··················· 2
8. 何谓地震烈度?影响烈度的因素有哪些? ······· 2
9. 震级和烈度有何不同? ······························ 2
10. 什么叫地震序列?什么叫主震、余震和前震?地震序列一般分为哪几种类型? ················· 3
11. 地震横波与纵波有何区别? ······················· 3
12. 什么是地震带?世界上有哪几个大地震带? ······· 3
13. 为什么说我国是一个多地震的国家? ············ 4
14. 我国地震较多的省(自治区)是哪几个? ······· 4
15. 我国的"南北地震带"指的是哪些区域? ······· 4
16. 地震灾害有哪些特点? ···························· 4
17. 影响地震灾害大小的因素有哪些? ··············· 4
18. 地震直接灾害有哪些? ···························· 5

19. 何谓地震次生灾害？ …………………………… 5
20. 地震造成的最普遍的灾害是什么？ ……………… 5
21. 影响人员伤亡的因素有哪些？ …………………… 5
22. 为什么说中国是一个地震灾害严重的国家？ ……… 6
23. 如何做好家庭防震准备工作？ …………………… 6
24. 遇到地震时是跑还是躲？ ………………………… 6
25. 发生地震时，避震要点是什么？ ………………… 6
26. 地震时人员疏散应避开哪些地方？ ……………… 7
27. 室内避震应注意的事项有哪些？ ………………… 7
28. 在校人员应如何避震？ …………………………… 7
29. 在工作岗位如何进行避震？ ……………………… 8
30. 地震时教师应该怎么办？ ………………………… 8
31. 在公共场所如何避震？ …………………………… 9
32. 在户外如何避震？ ………………………………… 9
33. 在野外和海边怎样避震？ ………………………… 9
34. 破坏性地震发生后，如果被埋压应该怎么办？ …… 10
35. 在高大复杂的建筑物附近怎样避震？ …………… 10
36. 地震时如遇火灾、燃气泄漏情况下，求生应注意哪些事项？ ………………………………………… 10
37. 强震过后如何自救？ ……………………………… 10
38. 预防地震最基本的工作是什么？ ………………… 11
39. 什么是抗震设防烈度？ …………………………… 11
40. 什么是抗震设防的一般目标？ …………………… 11
41. 建筑工程抗震设防分类是根据哪些因素划分的？ ………………………………………………… 12
42. 建筑工程分为哪四个抗震设防类别？ …………… 12
43. 何谓工程建设场地地震安全性评价？ …………… 13
44. 我国已公布哪些防震减灾方面的法规？ ………… 13

7

45. 中小学校舍抗震设防应不低于哪类标准? …… 13

(二) 政策篇 …… 15
 46. 为什么要实施全国中小学校舍安全工程? …… 15
 47. 实施校安工程有什么重大意义? …… 15
 48. 危房级别中的 ABCD 级各表示什么意思? …… 16
 49. 校舍安全工程的目标和主要任务是什么? …… 16
 50. 中小学校舍加固改造的实施范围包括哪些? …… 17
 51. 中小学校舍的加固改造指什么? …… 17
 52. 哪些校舍可以进行加固改造? …… 17
 53. 中小学校舍翻(新)建工程按什么标准建设? …… 17
 54. 校舍安全工程实施的主要环节有哪些? …… 17
 55. 校舍安全工程与校舍抗震加固工程的关系是什么? …… 18
 56. 校舍安全工程如何落实组织实施? …… 18
 57. 全国中小学校舍安全工程领导小组办公室的主要职责包括哪些? …… 19
 58. 校舍安全工程实施中如何统筹、整合资源? …… 19
 59. 省级人民政府对校安工程具体负哪些责任? …… 19
 60. 市、县级人民政府对校安工程的职责是什么? …… 20
 61. 实施校舍安全工程所需资金如何落实? …… 21
 62. 国家对加强校舍安全工程资金管理有什么要求? …… 21
 63. 国家对加强校舍安全工程的监督检查有哪些规定? …… 21
 64. 国家对减免校安工程相关建设收费有何规定? …… 22
 65. 国家对校安工程在责任追究方面是如何规定的? …… 22
 66. 为什么设立校安工程举报电话? …… 23

67. 中小学校舍抗震加固工程项目的建设流程是什么？ …… 23
68. 中小学校舍安全工程信息报告制度的具体要求是什么？ …… 23
69. 什么是校舍安全工程信息管理系统？ …… 24
70. 校安工程评估应包含哪些内容？ …… 24
71. 校安工程和一般性建设项目相比有哪些不同？ …… 24
72. 教育部门应做好哪些地震的预防性工作？ …… 25
73. 校舍综合防灾主要内容有哪些？ …… 26

(三) 设计篇 …… 27
74. 中小学校舍加固改造项目的设计要求是什么？ …… 27
75. 校舍安全加固工程设计的基本原则？ …… 27
76. 隔震和消能减震技术有哪些形式和特点？ …… 27
77. 加固改造设计的主要依据是什么？ …… 28
78. 校安工程结构加固的关键部位有哪些？ …… 29
79. 如何建立和完善结构抗震的多道防线？ …… 29
80. 对抗震加固的结构布置和连接构造有何要求？ …… 29
81. 砌体结构房屋抗震承载力不满足要求时，抗震加固有哪些措施？ …… 30
82. 砌体结构房屋的整体性不满足要求时，抗震加固有哪些措施？ …… 30
83. 多层钢筋混凝土结构应采取何种加固措施？ …… 31
84. 结构底层抗震承载力不足时，应采取何种加固措施？ …… 31
85. 结构竖向构件抗震承载力不足时，应采取何种加固措施？ …… 32
86. 房屋的整体性不足时，应采取何种加固措施？ …… 32
87. 北京现有的中小学校舍能否满足抗震的要求？ …… 32

88. 北京地区的校舍抗震加固要遵守哪些标准？ …… 33
89. 砖混结构中重点部位抗震构造措施有哪些？ …… 33
90. 不同抗震加固方法的适用范围是什么？ ………… 33
91. 框架结构抗震有哪些构造措施？ ………………… 34
92. 校安工程结构加固方法及配合使用的技术有哪些？ ……………………………………………… 34
93. 地基基础加固处理方法有哪些？ ………………… 35
94. 砖混结构加固有哪些方法？ ……………………… 35
95. 钢筋混凝土结构加固有哪些方法？ ……………… 36
96. 中小学校舍加固改造设计时，如何把好消防安全设计关？ ………………………………………… 36
97. 中小学校建设工程消防设计文件审查的内容主要有哪些？ ……………………………………… 36
98. 中小学校建设工程在申报消防设计审核时需提供哪些材料？ …………………………………… 37
99. 中小学校建设工程申报消防验收时，建设单位需要提交哪些材料？ …………………………… 37
100. 建设单位应当履行的消防安全职责包括哪些？ ……………………………………………… 37
101. 加强社会消防安全教育培训工作，教育行政部门应当履行哪些职责？ …………………………… 38
102. 中小学校舍建筑耐火等级有何要求？ …………… 38
103. 对中小学校舍的总平面布局、平面布置有何消防要求？ ……………………………………… 38
104. 中小学校的配套用房有何消防要求？ …………… 39
105. 何为建筑物的安全出口、封闭楼梯间、防烟楼梯间？ ……………………………………… 39
106. 中小学校建设工程设计中对安全疏散如何

  规定? ……………………………………………………… 39
 107. 中小学校建设工程设计中需要设置哪些消防
   设施? ……………………………………………………… 40
 108. 灯具选择有何防火要求? ………………………………… 41
 109. 消防用电设备的配电线路应满足哪些规定? …… 41
 110. 中小学校建设工程中哪些设备应采用消防
   电源? ……………………………………………………… 41
 111. 校安工程建筑节能设计有何要求? ………………… 42

(四) 项目管理篇 …………………………………………………… 43
 112. 中小学校安工程的质量安全目标的管理核心
   是什么? ………………………………………………… 43
 113. 校安工程建设单位的管理职责是什么? …………… 43
 114. 校安工程项目管理的工作内容是什么? …………… 44
 115. 校安工程进场材料应从几方面进行把关? ……… 45
 116. 校安工程项目管理要点包括哪些内容? …………… 45
 117. 校安工程施工现场监督员应把好哪些关键
   环节? ……………………………………………………… 46
 118. 校安工程实施代建制应坚持哪些原则? …………… 46
 119. 校安工程建设单位安全管理包括哪些内容? …… 48
 120. 校安工程建设单位安全管理措施有哪些? ……… 48
 121. 中小学校舍加固改造时,对使用新技术、
   新工艺、新材料有哪些要求? ……………………… 49
 122. 中小学校舍加固改造设计时,如何把好建筑
   材料、建筑构配件和设备关? ……………………… 49
 123. 建设单位对校安工程监理的质量控制要点
   有哪些? ………………………………………………… 49
 124. 校安工程项目文件归档的范围? ……………………… 50
 125. 校安工程档案保存时间的规定? ……………………… 51

126. 北京市对校安工程施工、监理招投标人资格有何要求？ …… 51
127. 《北京市校安工程加固合格承包人名册》的适用范围？ …… 51
128. 校舍安全工程确定中标人过程中应考虑的因素有哪些？ …… 52
129. 提高招投标的管理效率有哪些措施？ …… 52
130. 注册建造师和注册监理工程师能否同时担任多个项目的负责人？ …… 53
131. 目前建设工程评定标方法有哪几种？ …… 53
132. 校安工程是否属于使用国有资金投资项目？ …… 53
133. 如何做好校安工程专项资金管理？ …… 53
134. 工程变更后合同价款的确定方法？ …… 54
135. 何谓建设项目价款结算、竣工决算？ …… 54
136. 建筑工程竣工决算包括哪些内容？ …… 55
137. 竣工决算的编制有哪些步骤？ …… 55

（五）施工监理篇 …… 56

138. 校安工程的施工单位质量责任制的主要内容？ …… 56
139. 校安工程施工单位应落实哪些质量管理制度？ …… 56
140. 校安工程施工单位的质量管理要点包括哪些内容？ …… 57
141. 校安工程施工单位安全防护措施应包括哪些内容？ …… 58
142. 校安工程施工现场公示有哪些具体要求？ …… 59
143. 校安工程应从哪几个方面做好 HSE（健康/环境/安全）管理工作？ …… 59

144. 校安工程施工单位在拆除工程中应采取哪些
安全保障措施? ………………………………… 60
145. 校安工程施工单位雨期施工需采取哪些技术
措施? …………………………………………… 61
146. 校安工程实体质量管理包括哪些内容? ……… 63
147. 混凝土结构工程加固监理控制要点有哪些? … 63
148. 钻孔锚筋施工的监理质量控制要点有哪些? … 64
149. 粘钢加固施工的质量控制要点有哪些? ……… 65
150. 墙面喷射混凝土的监理质量控制要点有
哪些? …………………………………………… 66
151. 粘贴纤维布加固工程对基底表面处理的质量
控制要点有哪些? ……………………………… 66
152. 粘贴碳纤维布加固工程工艺过程的质量控制
要点有哪些? …………………………………… 67
153. 框架梁粘贴钢板加固的质量控制要点有哪些? … 68
154. 柱包钢加固工程的质量控制要点有哪些? …… 68
155. 校安工程外墙外保温的质量控制要点是什么? … 69
156. 如何有效做好校安工程的监理工作? ………… 69
157. 监理质量控制的重点内容有哪些? …………… 70
158. 监理质量控制的方法和手段有哪些? ………… 71
159. 监理对校安工程施工过程中发现的原结构
质量缺陷如何处理? …………………………… 72
160. 校安工程中如遇到图纸与实际情况不符如何
处理? …………………………………………… 72
161. 监理企业如何建立健全自身保障体系? ……… 72
162. 监理项目部的工作制度应包括哪些? ………… 72
163. 校安工程施工准备阶段安全监理包括哪些
内容? …………………………………………… 74

164. 校安工程施工阶段安全防护文明施工的监理包括哪些内容? …… 74
165. 校安工程监理安全巡视检查的内容有哪些? …… 75
166. 校安工程投资控制中的常见问题? …… 75
167. 如何做好经济签证的管理工作? …… 75
168. 校安工程办理经济签证的原则是什么? …… 76
169. 校安工程监理如何有效管理现场签证? …… 77
170. 监理应如何做好校安工程进场材料的报验? …… 77
171. 校安工程对涉及结构使用的材料有何要求? …… 78
172. 校安工程如何把好节能材料实体检验关? …… 79
173. 钢筋进场的质量监控要点有哪些? …… 80
174. 钢筋工程隐检的质量控制要点有哪些? …… 80
175. 校安工程应如何进行检验批的划分? …… 81
176. 校安工程监理资料如何组卷? …… 81
177. 校安工程监理的进度管理措施有哪些? …… 81
178. 校安工程监理的质量监控措施有哪些? …… 82
179. 中小学校舍加固改造工程竣工验收应当具备哪些条件? …… 83
180. 校安工程的竣工验收有哪些程序? …… 84
181. 竣工验收应达到何种标准? …… 85
182. 竣工验收的依据是什么? …… 85
183. 校安工程的竣工验收应由哪方组织进行? …… 85
184. 校舍安全工程验收有何规定? …… 86
185. 校安工程参加质量验收的人员资格有何具体规定? …… 86
186. 参与竣工验收的人员包括哪些? …… 87
187. 施工单位对加固工程和建筑节能装饰工程应提供哪些质检评价报告? …… 87

188. 监理单位编制的校安工程质量评估报告应包含哪些内容? ……………………………………………… 88

(六) 质量监督篇 ………………………………………………… 89

189. 如何从制度管理上严格做好校安工程监督检查工作? ………………………………………………… 89
190. 校安工程建设单位办理工程质量监督注册手续应提供哪些资料? …………………………………… 90
191. 建设单位的安全生产行为监督检查内容有哪些? ………………………………………………… 90
192. 校安工程开工安全生产条件审查包括哪些内容? ………………………………………………… 91
193. 监理单位的安全生产行为监督检查内容有哪些? ………………………………………………… 91
194. 施工单位的安全生产行为监督检查内容有哪些? ………………………………………………… 92
195. 工程实体质量监督的重点是什么? …………………… 93
196. 工程实体质量监督主要应包括哪些内容? …………… 93
197. 质量监督机构的质量管理要点是什么? ……………… 94
198. 质量监督部门对工程质量抽测的项目包括哪些内容? ……………………………………………… 94
199. 质量监督部门对涉及结构安全和使用功能的部位应检查哪些内容? ………………………………… 95
200. 对检测机构质量行为监督检查包括哪些内容? …… 95
201. 对监理单位质量行为监督检查包括哪些内容? …… 95
202. 对校安工程出现的质量问题和事故处理的监督包括哪些内容? ……………………………………… 96

文件汇编 ……………………………………………………… 98

（一）常　识　篇

1. 什么是地震？

地震是指因地球内部缓慢积累的能量突然释放而引起的地球表层的振动。

2. 地震的四个基本参数是什么？

发震时刻、地点、震级和震源深度。

3. 什么叫震源、震中、震中距？

地球内部发生地震的地方叫震源。震源在地面上的投影点称为震中。从震中到地面上任何一点的距离称为震中距。

4. 什么叫震源深度？何谓浅源地震、深源地震、中源地震？

从震中到震源的距离叫做震源深度。震源深度在70公里以内的地震为浅源地震；震源深度超过300公里的地震叫深源地震；震源深度介于70～300公里之间的地震为中源地震。

5. 什么是近震和远震？

近震：当某地区所遭受的烈度比震中烈度低1度或相等时的地震；远震：当某地区所遭受的烈度比震中烈度低2度或2度以上时的地震。也有人认为：震中距在100公里以内的称为地方震；震中距在100～1000公里的称为近震；震中距超过1000公里的称为远震。

6. 什么是震级？影响震级的因素有什么？

震级是表示地震本身大小的等级，它与震源释放出来的能量多少有关。震级的大小是地震释放能量多少的尺度，也是表示地震规模的指标，能量越大，震级就越大；震级相差一级，能量相差约30倍。一次地震只有一个震级。目前国际上通常采用里氏震级表示震级大小。

7. 地震按震级大小可分为哪几类？

按震级大小分：(1)7级和7级以上的地震，称为大震；(2)7级以下、5级和5级以上的地震称为强震或中强震；(3)5级以下、3级和3级以上的，称为小震；(4)3级以下、1级或1级以上的称弱震和微震；(5)小于1级的称为超微震。

8. 何谓地震烈度？影响烈度的因素有哪些？

地震烈度是指某地区的地面及建筑物遭受到一次地震影响的强弱程度。地震烈度是根据人们的感觉和地震时地表产生的变动，还有对建筑物的影响来确定的。

对于一次地震，表示地震大小的震级只有一个，但它对不同地点的影响是不一样的。一般说，距震中愈远，地震影响愈小，烈度就愈低；反之，距震中愈近，烈度就愈高。此外，地震烈度还与地震大小、震源深度、地震传播介质、建筑物动力特性、施工质量等许多因素有关。

9. 震级和烈度有何不同？

震级反映地震本身的大小，只跟地震释放的能量多少有关，它是用"级"来表示的；而烈度则表示地面受到的影响和破坏程度，它是用"度"来表示，地震烈度一般分为12

度。一次地震只有一个震级而烈度则各地不同。

10. 什么叫地震序列？什么叫主震、余震和前震？地震序列一般分为哪几种类型？

在一定时间内，发生在同一震源区的一系列大小不同的地震，且其发震机制具有某种内在联系或有共同的发震构造的一组地震总称地震序列。

一个地震序列中最强的地震称为主震；主震后在同一震区陆续发生的较小地震称为余震；主震前在同一震区发生的较小地震称为前震。地震序列可分为以下几类：

（1）主震型：主震的震级高，很突出，主震释放的能量占全地震序列的 90% 以上，又分为"主震—余震型"和"前震—主震—余震型"两类；

（2）震群型：没有突出的主震，主要能量是通过多次震级相近的地震释放出来的；

（3）孤立型（单发性地震）：其主要特点是几乎没有前震，也几乎没有余震。

11. 地震横波与纵波有何区别？

横波振动方向与波前进方向垂直，而纵波振动方向与传播方向一致。在震中区，地震波直接入射地面，横波表现为左右摇晃，纵波表现为上下跳动，纵波传播速度比横波快。另外，横波振幅比纵波大，破坏力也大，横波的水平晃动使建筑物产生水平地震作用是造成其破坏的主要原因。

12. 什么是地震带？世界上有哪几个大地震带？

地震发生较多又比较强烈的地带，叫地震带。世界主要有两大地震带：

（1）环太平洋地震带，包括南北美洲太平洋沿岸和从阿留申群岛、堪察加半岛、日本列岛南下至我国台湾省，再经菲律宾群岛转向东南，直到新西兰。释放能量占全球地震释放能量的76%；

（2）喜马拉雅—地中海地震带，从印度尼西亚经缅甸到我国横断山脉、喜马拉雅山区，越过帕米尔高原，经中亚细亚到地中海及其附近地区，释放能量占全球地震释放能量的24%。

13. 为什么说我国是一个多地震的国家？

据统计，我国大陆地震约占世界大陆地震的三分之一。我国处在世界上两大地震带之间，有些地区本身就是这两个地震带的组成部分，并且广大地区都受它的影响。

14. 我国地震较多的省（自治区）是哪几个？

我国地震较多的省（区）依次是台湾、西藏、新疆、云南和四川等。

15. 我国的"南北地震带"指的是哪些区域？

从我国的宁夏，经甘肃东部、四川西部、直至云南，有一条纵贯中国大陆、大致南北方向的地震密集带，被称为中国南北地震带，简称南北地震带。该带向北可延伸至蒙古境内，向南可到缅甸。

16. 地震灾害有哪些特点？

地震灾害具有突发性和不可预测性，发生频度较高，并产生严重次生灾害等特点。

17. 影响地震灾害大小的因素有哪些？

影响地震灾害大小的因素分为自然因素和社会因素，其中包括震级、震中距、震源深度、发震时间、发震地点、地震类型、地质条件、建筑物抗震性能、地区人口密度、经济发展程度和社会文明程度等。地震灾害是可以预防的，综合防御工作做好了可以最大程度地减轻自然灾害。

18. 地震直接灾害有哪些？

地震直接灾害是指地震的原生现象。如地震断层错动，以及地震波引起地面振动所造成的灾害。主要有：地面破坏，建筑物与构筑物的破坏，山体等自然物的破坏（如滑坡、泥石流等）海啸、地光等。

19. 何谓地震次生灾害？

地震次生灾害是指直接灾害发生后，破坏了自然或社会原有平衡或稳定状态，从而引发的灾害。主要有火灾、水灾和煤气、有毒气体泄漏，细菌、放射物扩散、瘟疫等对生命财产造成的灾害。

2011年3月11日，日本发生了里氏9级地震，相比地震本身带来的灾害，海啸、核电泄露带来的次生灾害，无疑更加触目惊心。

20. 地震造成的最普遍的灾害是什么？

各类建（构）筑物的破坏和倒塌。由此造成的人员伤亡和直接经济财产损失。

21. 影响人员伤亡的因素有哪些？

影响人员伤亡的因素包括：（1）地震强度（震级和烈度）；（2）震中距离；（3）震区人口密度；（4）建筑物的抗震性能及密度；（5）发震季节和时间；（6）有无地震预报；（7）有无地震应急预案；（8）抢救速度。

22. 为什么说中国是一个地震灾害严重的国家?

中国地处世界上两大地震带之间——环太平洋地震带和地中海—喜马拉雅地震带上,地震活动频繁;中国的地震主要是板内地震(板内地震是指板块内部发生的地震),具有震源浅、频度高、强度大、分布广的特征;中国人口众多,建筑物抗震性能差,因而成灾率较高。

23. 如何做好家庭防震准备工作?

(1) 合理放置家具、物品。固定好高大家具,防止倾倒砸人,牢固的家具下面要腾空,以备震时藏身;保持门口、楼道畅通;

(2) 准备好必要的防震物品。准备一个包括食品、水、应急灯、简单药品、绳索、收音机等在内的家庭防震包,放在便于取到处;

(3) 进行家庭防震演练,进行紧急撤离与疏散练习以及"一分钟紧急避险"练习。

24. 遇到地震时是跑还是躲?

(1) 震时就近躲避,震后迅速撤离到安全地方,是应急避震较好的办法;

(2) 避震应选择室内结实、能掩护身体的物体下(旁)、易于形成三角空间的地方,开间小、有支撑的地方,室处开阔、安全的地方。

25. 发生地震时,避震要点是什么?

(1) 选择小开间、坚固家具旁就地躲藏;

(2) 伏而待定,蹲下或坐下,尽量蜷曲身体,降低身体重心;

(3) 抓住桌腿等牢固的物体;

（4）保护头颈、眼睛，掩住口鼻；

（5）避开人流，不要乱挤乱拥，不要随便点明火，因为空气中可能有易燃易爆气体。

26. 地震时人员疏散应避开哪些地方？

高大建筑物、窄小胡同、高压线、变压器、陡山坡、河岸边。

27. 室内避震应注意的事项有哪些？

（1）保持镇定并迅速关闭电源，关闭煤气，熄灭炉火，防止发生火灾和煤气泄溢；

（2）随手抓一个枕头或坐垫护住头部在安全角落躲避；

（3）躲避时不要靠近窗边或阳台上；

（4）高层住户向下转移时，千万不能跳楼，也不能乘电梯；

（5）当大地震后，利用两次地震之间的间隙，迅速撤离。

28. 在校人员应如何避震？

地震时最需要的是学校领导和教师的冷静与果断。有中长期地震预报的地区，平时要结合教学活动，向学生们讲述地震和防震抗震知识。震前要安排好学生转移、撤离的路线和场地。震时在比较坚固、安全的房屋里，可以躲避在课桌下、讲台旁；教学楼内的学生可以到开间小、有管道支撑的房间里，绝不可让学生们乱跑或跳楼。震后沉着地指挥学生有秩序地撤离。

（1）正在上课时，要在教师指挥下迅速抱头、闭眼、躲在各自的课桌下。

（2）在操场或室外时，可原地不动蹲下，双手保护头部，注意避开高大建筑物或危险物。

（3）不要回到教室去。

（4）震后应当有组织地撤离。

（5）千万不要跳楼，不要站在窗外，不要到阳台上去。

（6）必要时应在室外上课。

29. 在工作岗位如何进行避震？

（1）在办公室内要赶紧藏在办公桌下，震后从楼梯迅速撤离。

（2）正在工厂上班的工人，要立即关闭机器，切断电源，然后迅速撤到安全处。

（3）特殊的部门（如电厂、煤气厂、钢厂、核反应堆等）应按专门操作程序运作。

30. 地震时教师应该怎么办？

在学校中，地震时学校领导和教师要冷静、果断。要按照学校的应急预案、平时的防震减灾演练的过程进行，拉响警报，广播地震消息，教师指挥学生迅速撤离，教师大声指挥学生，不要出现拥挤踩踏事件，将学生带到操场，清点人数。如果来不及跑出，正在上课的教师们应立刻向学生们大喊"卧倒！"、"躲到书桌下！"、"别动！"、"卧着别动！"等命令。要不停地喊叫直到震动完全停止。

教师要大声喊叫，是因为地震会产生巨大的噪声，并且不停地指示可以保证在一定程度上控制局面。这能使教师和学生觉得自己能够应付这一切，这样就有可能减少惊慌。切莫惊慌，对于成年人同样适用。震时知道怎样做，教师的沉着和坚定会产生一种信任感，那些常常由惊慌而导致的可怕灾难也会因此避免。

31. 在公共场所如何避震?

(1) 听从现场工作人员的指挥,不要慌乱,不要拥向出口,要避免拥挤,要避开人流,避免被挤到墙壁或栅栏处。

(2) 在影剧院、体育馆等处,要就地蹲下或趴在排椅下,注意避开吊灯、电扇等悬挂物,保护好头部,等地震过去后,听从工作人员指挥,有组织地撤离。

(3) 在商场、书店、地铁等处应选择结实的柜台或柱子边,以及内墙角等处就地蹲下,远离玻璃橱窗、柜台或其他危险物品旁边;避开高大不稳或摆放重物、易碎品的货架;避开广告牌、吊灯等高耸或悬挂物。

(4) 在行驶的电(汽)车内,要抓牢扶手,以免摔倒或碰伤;降低重心,躲在座位附近,地震过去后再下车。

32. 在户外如何避震?

(1) 就地选择开阔地避震。蹲下或趴下,以免摔倒;不要乱跑,避开人多的地方;不要随便返回室内。

(2) 避开高大建筑物或构筑物,如楼房,特别是有玻璃幕墙的建筑;过街桥、立交桥;高烟囱、水塔下等。

(3) 避开危险物、高耸或悬挂物,如变压器、电线杆、路灯、广告牌、吊车等。

(4) 避开其他危险场所,如狭窄的街道;危旧房屋,危墙;女儿墙、高门脸、雨篷下;砖瓦、木料等物的堆放处等。

(5) 在室外,汽车司机要选择安全地带刹车,火车司机,要采取紧急制动措施,稳缓地逐渐刹车。

33. 在野外和海边怎样避震?

(1) 在野外要避开山脚、陡崖和陡峭的山坡,以防山崩、泥石流滑坡等；

（2）在海边要尽快向远离海岸线的地方转移，以避免地震可能产生的海啸的袭击。

34. 破坏性地震发生后，如果被埋压应该怎么办？

（1）设法避开身体上方不结实的倒塌物、悬挂物或其他危险物；

（2）搬开身边可搬动的碎砖瓦等杂物，扩大活动空间。但是应注意，搬不动时千万不要勉强，防止周围杂物进一步倒塌；设法用砖石、木棍等支撑残垣断壁，以防余震时再被埋压；

（3）不要随便动用室内设施，包括电源、水源等，也不要使用明火；

（4）闻到煤气及有毒异味或灰尘太大时，设法用湿衣物捂住口、鼻；不要乱叫，保持体力，用敲击声求救。

35. 在高大复杂的建筑物附近怎样避震？

（1）不要停留在过街天桥、立交桥的上面和下方。

（2）注意躲开广告牌、街灯、物料堆放处。

（3）要躲开建筑物，特别是有玻璃幕墙的高大建筑。

36. 地震时如遇火灾、燃气泄漏情况下，求生应注意哪些事项？

（1）遇到火灾时：趴在地上用湿毛巾捂住口鼻。待摇晃停止后向安全地方转移。转移时要弯腰或匍匐、逆风而行。

（2）燃气泄漏时：同火灾时一样，遇到有毒气体泄漏时，要用湿布捂住口鼻，逆风逃离，注意不要使用明火。

37. 强震过后如何自救？

（1）地震发生后，应积极参与救助工作，可将耳朵靠墙，听听是否有幸存者声音。

（2）使伤者先暴露头部，保持呼吸畅通，如有窒息，立即进行人工呼吸。

（3）一旦被埋压，要设法避开身体上方不结实的倒塌物，并设法用砖石、木棍等支撑残垣断壁，加固环境。

（4）地震是一瞬间发生的，任何人应先保存自己，再展开救助。先救易，后救难；先救近，后救远。

38. 预防地震最基本的工作是什么？

地震预防最基本的工作是预防土木工程灾害，方法是指场地选择、场地安全性评价、抗震设计、合理施工、正确使用和维护、及时加固。汶川地震证明地震灾害的主要属性是土木工程灾害，所谓土木工程灾害指的是不当的选址、不当的知识、不当的设计、不当的施工、不当的材料、不当的使用导致土木工程不能抵御地震中可能发生的载荷而导致土木工程的失效乃至破坏，最终形成社会的灾害。

39. 什么是抗震设防烈度？

为了进行建筑结构的抗震设防，按国家规定的权限批准审定作为一个地区抗震设防依据的地震烈度，称为抗震设防烈度。一般情况下，抗震设防烈度可采用中国地震动参数区划图的地震基本烈度。

40. 什么是抗震设防的一般目标？

抗震设防是指对房屋进行抗震设计和采取抗震措施，来达到抗震的效果。抗震设防的依据是抗震设防烈度。结合我国的具体情况，《抗震规范》提出了"三水准"的抗震设防目标。

（1）第一水准（小震不坏）：当遭受低于本地区抗震设防

烈度的多遇地震影响时，建筑物一般不受损坏或不需修理仍可继续使用。

（2）第二水准（中震可修）：当遭受到相当于本地区抗震设防烈度的地震影响时，建筑物可能损坏，经一般修理或不需修理仍可继续使用。

（3）第三水准（大震不倒）：当遭受到高于本地区抗震设防烈度预估的罕遇地震影响时，建筑物不致倒塌或发生危及生命的严重破坏。

41. 建筑工程抗震设防分类是根据哪些因素划分的？

我国《建筑工程抗震设防分类标准》（GB 50223—2008）规定，建筑抗震设防类别划分，应根据下列因素的综合分析确定：

（1）建筑破坏造成的人员伤亡、直接和间接经济损失及社会影响大小。

（2）城镇的大小、行业的特点、工矿企业的规模。

（3）建筑使用功能失效后，对全局的影响范围大小、抗震救灾影响及恢复的难易程度。

（4）建筑各区段的重要性显著不同时，可按区段划分抗震设防类别。

（5）不同行业的相同建筑，当所处地位及地震破坏所产生的后果和影响不同时，其抗震设防类别可不相同。

42. 建筑工程分为哪四个抗震设防类别？

我国《建筑工程抗震设防分类标准》（GB 50223—2008）明确规定，建筑工程应分为以下四个抗震设防类别：

（1）特殊设防类（甲类）：指使用上有特殊设施，涉及国家公共安全的重大建筑工程和地震时可能发生严重次生灾害等特别重大灾害后果,需要进行特殊设防的建筑。

(2)重点设防类(乙类):指地震时使用功能不能中断或需尽快恢复的生命线相关建筑,以及地震时可能导致大量人员伤亡等重大灾害后果,需要提高设防标准的建筑。

(3)标准设防类(丙类):指大量的除特殊设防类、重点设防类、适度设防类以外按标准要求进行设防的建筑。

(4)适度设防类(丁类):指使用上人员稀少且震损不致产生次生灾害,允许在一定条件下适度降低要求的建筑。

43. 何谓工程建设场地地震安全性评价?

工程建设场地地震安全性评价是指对工程建设场地进行的地震烈度复核、地震危险性分析、设计地震动参数的确定、地震小区划、场址及周围地质稳定性评价及场地震害预测等工作。其目的是为工程抗震确定合理的设防标准,实现地震时安全、建设投资合理的目的。

44. 我国已公布哪些防震减灾方面的法规?

(1) 1994年1月10日《地震监测设施和地震观测环境保护条例》;

(2) 1995年4月1日《破坏性地震应急条例》;

(3) 1998年12月17日《地震预报管理条例》;

(4) 1998年12月29日《震后地震趋势判定公告规定》;

(5) 1998年3月1日《中华人民共和国防震减灾法》;

(6) 2009年5月1日《中华人民共和国防震减灾法》(修订)。

45. 中小学校舍抗震设防应不低于哪类标准?

《建筑工程抗震设防分类标准》规定:教育建筑中,幼儿园、小学、中学的教学用房以及学生宿舍和食堂,抗震设防类别应不低于重点设防类。

重点设防应高于本地区抗震设防烈度一度的要求加强其抗震措施；但抗震设防烈度为九度时应按比九度更高要求采取抗震措施；地基基础的抗震措施，应符合有关规定。同时，应按本地区抗震设防烈度确定其他地震作用。中小学校舍属于重点设防类。

(二) 政 策 篇

46. 为什么要实施全国中小学校舍安全工程?

2001年以来,国务院统一部署实施了农村中小学危房改造、西部地区农村寄宿制学校建设和中西部农村初中校舍改造等工程,提高了农村校舍质量,农村中小学面貌有了很大改善。但目前一些地区中小学校舍有相当部分达不到抗震设防和其他防灾要求,丙级和丁级危房仍较多存在;尤其是20世纪90年代以前和"普九"早期建设的校舍,问题更为突出;已经修缮改造的校舍,仍有一部分不符合抗震设防等防灾标准和设计规范。

在全国范围实施校舍安全工程,全面改善中小学校舍安全状况,直接关系到广大师生的生命安全,关系到社会和谐稳定,关系到党和政府形象。实施这项工程,是体现党和政府以人为本、执政为民理念的重大举措,是坚持教育优先发展、办人民满意教育的战略部署;是贯彻落实《防震减灾法》、依法履行政府责任的具体行动;也是当前应对国际金融危机、拉动国内需求的有效措施。

47. 实施校安工程有什么重大意义?

2008年的汶川大地震引起了党中央、国务院对中小学校舍建设和安全问题的高度重视,2009年4月1日,国务院作出启动全国中小学校舍安全工程的决定,并于5月8日召开了全国中小学校舍安全工作电视电话会议。之后,各省市相继召开了专门会议,成立了校舍安全工程办公室,对相关工作进行了全面部署。因此,校安工程是国务院决定实施的一项重大民生工程,是贯彻落实科学发展观、实施教育优先发展战略的具体体现,是提高校舍抗震能力和综合防灾能力的重要举措,对保障广大师生安全具有重要意义。

48. 危房级别中的ABCD级各表示什么意思?

根据《危险房屋鉴定标准》(JGJ 125—99),房屋危险性鉴定等级分为A、B、C、D四级。

(1) A级:结构承载力能满足正常使用要求,未发现危险点,房屋结构安全。

(2) B级:结构承载力基本满足正常使用要求,个别结构构件处于危险状态,但不影响主体结构,基本满足正常使用要求。

(3) C级:部分承重结构承载力不能满足正常使用要求,局部出现险情,构成局部危房。

(4) D级:承重结构承载力已不能满足正常使用要求,房屋整体出现险情,构成整幢危房。

49. 校舍安全工程的目标和主要任务是什么?

校舍安全工程的目标是,在全国中小学校开展抗震加固、提高综合防灾能力建设,使学校校舍达到重点设防类抗震设防标准,并符合对山体滑坡、崩塌、泥石流、地面塌陷和洪水、台风、火灾、雷击等灾害的防灾避险安全要求。

校舍安全工程的主要任务是:从2009年开始,用三年时间,对地震重点监视防御区、七度以上地震高烈度区、洪涝灾害易发地区、山体滑坡和泥石流等地质灾害易发地区的各级各类城乡中小学存在安全隐患的校舍进行抗震加固、迁移避险，提高综合防灾能力。其他地区，按抗震加固、综合防灾的要求，集中重建整体出现险情的 D 级危房、改造加固局部出现险情的 C 级校舍，消除安全隐患。

50. 中小学校舍加固改造的实施范围包括哪些？

全国所有的小学、初中、普通高中、中等职业学校、中专和技校（包括民办和非教育系统的），都在工程实施范围之内。

51. 中小学校舍的加固改造指什么？

中小学校舍加固改造是针对经鉴定需加固改造的校舍实施加固改造，主要包括加固改造设计、加固改造工程施工、加固改造工程竣工验收等环节。

52. 哪些校舍可以进行加固改造？

对通过加固可以达到抗震及其他防灾设防标准且原则上具备以下条件的校舍，应当按照有关标准进行加固改造。

（1）已按照抗震及其他防灾设计规范进行设计；
（2）按基本建设程序进行建设、建设档案齐备；
（3）加固改造费用不超过新建同类建筑物费用的 70%。

53. 中小学校舍翻（新）建工程按什么标准建设？

经鉴定存在安全隐患、需要加固的校舍，由各地在建设、地震部门指导下，按照重点设防类要求，依据加固技术标准，采取加固措施；重建和新建、改建、扩建的校舍，要坚决执行新的标准，即重点设防类标准。

54. 校舍安全工程实施的主要环节有哪些？

校舍安全工程包括三个主要环节：
（1）排查鉴定。由各地人民政府组织对辖区内中小学现有校舍进行全面排查鉴定,按照抗震设防和综合防灾要求,形成对每一座建筑的鉴定报告。建立校舍安全档案。

(2)统筹规划。根据排查、鉴定结果,结合正在实施的工程、项目,科学制定工程总体规划、年度实施计划和每一栋校舍的加固改造方案。

(3)分步改造。区别不同情况,分类、分步对没有达到抗震设防标准的校舍进行加固改造、避险迁移、新建重建,使之达到重点设防类抗震设防标准并符合综合防灾要求。

55. 校舍安全工程与校舍抗震加固工程的关系是什么?

校舍抗震加固工程是校舍安全工程的主要内容之一。校舍安全工程的涵义更为广泛,不仅包括抗震安全,还包括了消防安全、地质安全等方面的内容。

56. 校舍安全工程如何落实组织实施?

(1)校舍安全工程实行国务院统一领导,省级政府统一组织,市、县级政府负责实施,充分发挥专业部门作用的领导和管理体制。

(2)国务院成立全国中小学校舍安全工程领导小组,统一领导和部署中小学校舍安全工程。发展改革、教育、公安(消防)、监察、财政、国土资源、住房城乡建设、水利、审计、安全监管、地震等部门参加领导小组。领导小组办公室设在教育部,由领导小组部分成员单位派员组成,集中办公。

(3)各省(区、市)都要成立相应的领导小组和办公室,统一组织和协调本地区校舍安全工程的实施,并在相关部门设立办公室。

57. 全国中小学校舍安全工程领导小组办公室的主要职责包括哪些？

全国中小学校舍安全工程领导小组办公室的主要职责包括：

（1）组织拟订校舍安全工程的工作目标、政策。

（2）按照目标管理的要求，整合与中小学校舍安全有关的各项工程及资金渠道，统筹提出中央资金安排方案。

（3）结合抗震设防和综合防灾要求，综合衔接选址避险、建筑防火等各种防灾标准，组织制订校舍安全技术标准、建设规范和排查鉴定、加固改造工作指南。

（4）明确有关部门在校舍安全工程中的职责，将中小学校舍建设按照基本建设程序和工程建设程序管理。

（5）制订和检查校舍安全工程实施进度。

（6）设立举报电话，协调查处重点案件。

（7）协调各地各部门支持重点地区的校舍安全工程，协调处理跨地区跨部门重要事项。

（8）编发简报，推广先进经验，报告工作进展。

58. 校舍安全工程实施中如何统筹、整合资源？

校舍安全工程要与城市防震减灾、城镇化进程、中小学布局调整、中小学规范化建设、校舍维修改造长效机制和建筑节能改造等工程相结合，统筹、整合资源，全面提高校舍综合防灾能力，避免了重复建设和资源浪费。

59. 省级人民政府对校安工程具体负哪些责任？

省级人民政府对校舍安全工程实施负总责，具体责任包括：

（1）制订并组织落实工程规划、实施方案和配套政策；

(2) 统筹安排工程资金;

(3) 组织编制和审定各市、县校舍加固改造、避险迁移和综合防灾方案;

(4) 落实对校舍改造建设收费有关减免政策;

(5) 按照项目管理的要求,监督检查工程质量和进度。

60. 市、县级人民政府对校安工程的职责是什么?

(1) 市级人民政府的职责主要是结合本地实际,统筹考虑辖区内各县经济实力以及鉴定、勘察、设计、施工、监理等技术力量,加强组织协调,规范工程实施。具体包括:

① 指导、帮助各县开展校舍安全排查鉴定工作;

② 指导、审核各县制订工程建设规划和项目文本;

③ 及时、足额落实本级政府应承担的工程资金;

④ 监督工程专项资金拨付;

⑤ 检查、督促工程进度和质量,定期向上级报告工程实施情况。

(2) 县级人民政府全面负责工程的实施和管理,对本县校舍安全负责。主要职责包括:

① 组织对辖区内校舍进行逐一排查、鉴定,建立本地区中小学校舍的安全档案和校舍基本信息库;

② 制订本地区的工程总体规划、年度实施计划和项目改造方案;

③ 及时、足额落实本级政府应承担的工程资金,设立资金专户,按照工程进度及时拨付;

④ 保证工程建设用地;

⑤ 按国家有关规定减免工程建设收费;

⑥ 按基本建设程序组织项目前期论证、招投标、勘察、设计、施工、监理、竣工验收、办理基建财务决算等各环节

工作；

⑦ 建立健全监督检查制度，保证工程进度和质量，定期向上级报告工程进展情况。

61. 实施校舍安全工程所需资金如何落实？

（1）实施校舍安全工程的资金安排实行省级统筹，市县负责，中央财政补助。中央在整合目前与中小学校舍安全有关的资金基础上，2009年新增专项资金80亿元，重点支持中西部地震重点监视防御区及其他地质灾害易发区。

（2）各省（区、市）的工程资金由省级人民政府负责统筹安排。省级人民政府要切实加大投入力度，通过财政预算和地方新发政府债券足额落实实施工程所需资金；整合与校舍安全有关的其他资金，鼓励社会捐赠。防止学校出现新债。对财力困难的市县，通过加大财力性转移支付和专项转移支付力度等方式予以支持。

（3）民办、外资、企（事）业办中小学校舍安全改造由投资方和本单位负责，当地政府给予指导、支持并实施监管。

62. 国家对加强校舍安全工程资金管理有什么要求？

全国中小学校舍安全工程实施方案明确要求，工程实施中要健全工程资金管理制度，工程资金实行分账核算，专款专用，不能顶替原有投入，更不得用于偿还过去拖欠的工程款和其他债务。资金拨付按照财政国库管理制度有关规定执行。杜绝挤占、挪用、克扣、截留、套取工程专款。保证按工程进度拨款，不得拖欠工程款。

63. 国家对加强校舍安全工程的监督检查有哪些规定？

全国中小学校舍安全工程实施方案明确规定，全国校舍安全工程领导小组和地方各级人民政府要加强对工程建设的检查和监督,对工程实施情况组织督查与评估。校舍安全工程全过程接受社会监督,技术标准、实施方案、工程进展和实施结果等向社会公布,所有项目公开招投标,建设和验收接受新闻媒体和社会监督。

64. 国家对减免校安工程相关建设收费有何规定?

全国中小学校舍安全工程实施方案明确要求,各地在工程建设中严格执行《国务院办公厅转发教育部等部门关于进一步做好农村寄宿制学校建设工程实施工作若干意见的通知》(国办发〔2005〕44号)有关减免行政事业性和经营服务性收费等优惠政策,做好对工程建设收费的减免工作,努力提高资金使用效益。工程实施中涉及的市政公用基础设施配套费、城市消防设施建设费、人防易地建设配套费等行政事业性收费和墙改基金、散装水泥专项资金、绿化保证金等政府性基金,均应予以免收;涉及的经营服务性收费,在服务双方协商的基础上,提倡适当予以减收或免收。严禁收取国家明令取消的行政事业性收费和政府性基金,对自立项目、超标准收费等乱收费行为,将依法予以查处。此外,北京市于2009年和2010年先后发文《关于本市中小学校舍安全工程有关税费减免的通知》京教建〔2009〕19号和《关于免收全国中小学校舍安全工程建设有关收费的通知》京财综〔2010〕1780号对相关费用实行减免政策。

65. 国家对校安工程在责任追究方面是如何规定的?

全国中小学校舍安全工程实施方案要求各地建立健全校舍安全工程质量与资金管理责任追究制度。方案明确规定,对发生因学校危房倒塌和其他因防范不力造成安全事故导致师生伤亡的地区,要依法追究当地政府主要负责人的责任。

改造后的校舍如因选址不当或建筑质量问题遇灾垮塌致人伤亡，要依法追究校舍改造期间当地政府主要负责人的责任。建设、评估鉴定、勘察、设计、施工与工程监理单位及相关负责人员对项目依法承担责任。对挤占、挪用、克扣、截留、套取工程专项资金、违规乱收费或减少本地政府投入以及疏于管理影响工程目标实现的，要依法追究相关负责人的责任。

66. 为什么设立校安工程举报电话？

为实施好校舍安全工程，主动接受人民群众和社会各界对工程实施的监督，根据国务院文件要求，全国校安办及各省（区、市）校安办均设立了校舍安全工程监督举报电话，并在网上予以公布。公民对参与工程实施的国家机关、公务员和国家任命的其他人员、企事业单位及有关人员的违法违纪行为，有权提出控告或检举。对举报电话所反映的情况和问题，校安办有专人做好记录并及时组织调查、核实和处理。

67. 中小学校舍抗震加固工程项目的建设流程是什么？

中小学校舍进行抗震加固时，其主要的工作流程是：现有建筑物的现状检测、建筑物的安全性和抗震性能鉴定、建筑抗震加固设计、工程施工、工程验收。

68. 中小学校舍安全工程信息报告制度的具体要求是什么？

工程信息报告制度的具体要求是：全国中小学校舍安全工程办公室定期编发工作简报，通报工作进展情况，宣传好的经验与做法，反映普遍性问题，加强对各地工程实施工作的指导。各省市、县校安办定期以工作简报、进展情况报表、信息员报告等形式逐级上报本地工程实施情况。各地工作简报每月至少编发一期;工程进展情况每月报告一次;工程信息员每个项目县确定一名,由全国"校安办"统一颁发聘书。

69. 什么是校舍安全工程信息管理系统?

校舍安全工程信息管理系统是"金教工程"(教育电子政务建设工程)的重要组成部分,是在对中小学校舍进行全面排查鉴定基础上建立起来的,覆盖全国中小学校单体建筑物的校舍信息电子档案数据库。它的建立,搭建了统一的全国中小学校舍管理平台,能够为校舍安全工程、校舍维修改造长效机制、学校标准化建设、校舍管理等提供支撑和服务,为科学决策提供依据,将大大推动教育信息化建设,提升政府管理水平,促进教育事业科学发展。

70. 校安工程评估应包含哪些内容?

校安工程在实施期中和期末阶段,对每个校安工程目标责任履行、质量管理、专项资金的落实与管理、工作积极性和工程实施成效等情况进行评估。对存在问题的单位予以通报,并提出针对性的改进意见和建议;对屡次评估不合格的单位,限期纠正,必要时可暂停拨付专项经费。

71. 校安工程和一般性建设项目相比有哪些不同?

(1)重要性和紧迫性。校安工程是一项重要的政治任务,也是一个实实在在的民生工程。实施中小学校安工程,是党中央、国务院对全国人民的庄严承诺。

(2)工作量大、面广、单体多。校舍安全工程要在三年时间内对所有不符合抗震设防标准和综合防灾要求的校舍进行加固改造,涉及面很广,工程量很大,任务十分艰巨。

(3)工期紧张、资金筹措难。由于各地校舍加固、重建工程工作量大，短期内周转安置困难，而且要保证在三年内完成，工程工期相当紧张。同时，工程资金需求量很大，筹措难度高，相当部分地区的校舍加固工程均须垫资施工。

（4）原房屋结构现状各异。在东部发达地区和内陆经济条件比较好的地区，近些年建设的新校舍主要采用框架结构，而老建筑大多采用砖混结构和砖木结构，这些房屋由于当时建造标准低，且使用年限较长，部分材料老化，结构整体性较差。同时，有相当数量的房屋是分几次建造的，新老结构以不规范形式相连，结构体系复杂。

（5）加固形式多种多样。由于不同地区在自然条件、建设环境、建设成本等方面存在差异，又要考虑不同结构、不同年代建筑的加固改造需求，房屋采取的加固形式也五花八门；框架结构主要采取粘钢、碳纤维、加大截面等方式加固；砖混结构一般采用双面钢筋网片砂浆面层加固，为增加房屋整体刚度，也可在砖混结构外加构造柱和圈梁。

72. 教育部门应做好哪些地震的预防性工作？

（1）广泛开展防震减灾宣传教育，加强对学生的地震和应急避震知识教育，并通过学生宣传到家长和社会中去。防震减灾宣传可采用防震减灾专题宣传栏、黑板报、手抄报、演讲比赛、知识竞赛、文艺演出、主题班会、地震科普知识讲座、张贴地震科普知识挂图、播放宣传片等寓教于乐的形式开展宣传。

（2）学校领导和教师要制定震情应急措施和应急预案。针对学校具体情况，定人定位定线路，并组织全体师生学习，做到人人知晓，人人熟悉疏散逃生路线。

（3）检查学校次生灾害隐患（如实验室、楼梯、疏散区道），并采取切实措施，防患于未然。

（4）开展经常性的集体疏散训练。学校应在显要位置标识紧急疏散线路图，所有师生都要熟悉紧急情况下的逃生线路。每学期至少要举行一次应急避险和紧急疏散演习。加强对师生避险技能和自救互救能力的培养，切实增强学校地震应急预案的可操作性和实战性，根据演练中发现的问题，不断修改完善预案。学校进行应急避险、紧急疏散训练演习要循序渐进，不可盲目求快，坚决杜绝因演练不当造成师生踩踏伤亡事故发生。

（5）检查学校危房建筑，做好抗震加固工作。

73. 校舍综合防灾主要内容有哪些？

校舍综合防灾，是指校舍要防避山体滑坡、崩塌、泥石流、地面塌陷和洪水、台风、火灾、雷击等灾害的侵害。校舍综合防灾要在"防"和"避"上下工夫。"防"是指现有校舍要具备防洪、防风、防火、防雷的能力，即洪水来了不能被淹没和冲倒，台风来了不能被吹倒，雷电来了不能被击倒，存在火灾安全隐患的要完善防火标准；"避"是指校舍要避开危险地段。如果校舍位于严重地质灾害易发地区，要进行地质灾害危险性评估并实行避险迁移。尤其是新建校舍，场址不能选择在以下地区：

（1）地震断裂带、山体滑坡、崩塌、地面沉陷、地裂缝、山洪、泥石流等危险区；

（2）行洪区、采空区、雷电重灾区；

（3）病险库、淤地坝、堰塞湖、蓄水池、尾矿坝或储灰库等难以整治和防御的高危害影响区；

（4）与输气输油管道，高压走廊、大型变压器，生产、经营、储存有毒有害危险品、易燃易爆危险品场所相毗邻的场地。

(三)设 计 篇

74. 中小学校舍加固改造项目的设计要求是什么?

中小学校舍加固项目应当根据校舍安全鉴定报告和具体改造方案,按照《建筑抗震加固技术规程》等国家相关法规、规范进行加固设计,提高房屋结构的承载能力、抗震能力、综合防灾能力,达到国家规定标准。

75. 校舍安全加固工程设计的基本原则?

抗震加固设计应注重概念设计,以提高结构整体的抗震性能为目标,确保加固工程及其周边环境的安全,采用合理的抗震加固措施。

(1) 加固方案应根据抗震鉴定结果综合分析,分别采用房屋整体加固、区段加固或构件加固。

(2) 维持原有结构的完整性和稳定性。

(3) 抗震加固着重于提高结构抗侧力性能和延性、建立或完善抗震多道防线、加强整体性,而不以提高结构承受静载能力为目标。

(4) 加固方法应便于施工,并应减少对教学、生活的影响。抗震加固宜结合维修改造、改善使用功能,并注意美观。

76. 隔震和消能减震技术有哪些形式和特点?

基础隔震是在建筑物的基础与上部结构之间增设高度很

矮、具有足够可靠性的隔震层，控制地面运动向上部结构传递，地震时其能量可反馈到地面或由隔震层吸收，以大大减小结构及构件的地震反应，确保建筑物的整体安全；

中间层隔震是在基础以上的中间楼层设置隔震层，下部结构同普通建筑物一样直接与地基接触，因此它不存在基础隔震建筑的底部体积和墙体数量问题，但隔震层以下的楼层需要做抗震处理。

隔震建筑在振动性能和抗震安全性方面提高了建筑结构的附加价值，可以有效减少使用期间遭受地震损坏的维修、重建、内部物品的损坏和经济损失，具有很好的经济性。

77. 加固改造设计的主要依据是什么？

校舍加固改造设计应当以鉴定报告为依据。地震烈度6度及以上地区和地震重点监视防御区经抗震鉴定需加固改造的校舍，加固改造设计应符合《建筑抗震鉴定标准》、《建筑抗震加固技术规程》和《混凝土结构加固设计规范》、《建筑抗震设计规范》、《建筑工程抗震设防分类标准》、《房屋建筑抗震加固(一)(中小学校舍抗震加固)》、《建筑抗震鉴定与加固技术规程》、《北京地区中小学校舍抗震鉴定与加固技术细则》等工程建设标准的要求。

（1）校舍加固改造设计时，设计单位应根据相关工程建设标准，结合实际情况确定是否需要补充或重新进行勘察。校舍加固改造项目勘察应符合《岩土工程勘察规范》、《建筑抗震设计规范》、《堰塞湖风险等级划分标准》等国家相关工程建设标准的要求。

（2）校舍加固改造设计时，对耐火等级、防火分区、防火间距、安全疏散、消防设施、消防水源等不符合相关消防技术标准要求的校舍应报当地消防部门审查备案后进行同步改造，并应达到现行相关消防技术标准要求。

（3）校舍加固改造设计应考虑建筑节能。鼓励有条件的地区对校舍实施结构加固和建筑节能一体化改造。

（4）校舍建设单位应当依法将校舍加固改造施工图设计文件送住房城乡建设主管部门认定的施工图审查机构审查。

78. 校安工程结构加固的关键部位有哪些？

（1）建筑物基础、承重墙、柱、梁。

（2）梁和屋架的支座。

（3）楼梯间的梯段斜梁、梯板、休息平台梁、柱。

（4）地震中易掉落伤人的非结构构件，如：隔墙、围护墙、填充墙、女儿墙、挑檐、栏杆、吊顶等。

79. 如何建立和完善结构抗震的多道防线？

（1）砌体结构加构造柱、圈梁、钢拉杆、钢筋混凝土板墙。

（2）框架结构增设抗震墙或支撑、梁柱提高承载能力等。

（3）建筑的隔震和消能减震技术。

80. 对抗震加固的结构布置和连接构造有何要求？

（1）加固的总体布局，应优先采用增强结构整体抗震性能的方案，改善构件的受力状况。

（2）加固或新增构件的布置，应避免局部加强导致结构刚度或强度突变。

（3）新增构件与原有构件之间应有可靠连接；新增的抗侧力等竖向构件应有可靠的基础。

（4）女儿墙、门脸、出屋顶烟囱等易倒塌伤人的非结构构件不符合鉴定要求时，应拆除或降低高度，需要保留时应加固。

（5）尽量减少地基基础的加固工程量，多采取提高上部结构抵抗不均匀沉降能力的措施，同时考虑地基的影响。

（6）对不规则的现有建筑，宜使加固后的结构质量和刚度分布较均匀、对称。

（7）对抗震薄弱部位、易损部位和不同类型结构的连接部位，应采取增强承载能力或变形能力的措施。

81. 砌体结构房屋抗震承载力不满足要求时，抗震加固有哪些措施？

（1）拆砌：对强度过低的原墙体可拆除重砌。

（2）修补和灌浆：对已开裂的墙体，可采用压力灌浆修补；对砌筑砂浆饱满度差或砌筑砂浆强度等级偏低的墙体，可用满墙灌浆加固。

（3）面层或板墙加固：在墙体的一侧或两侧采用水泥砂浆面层、钢筋网砂浆面层、高强钢丝网—聚合物砂浆或现浇钢筋混凝土板墙加固。

（4）外加构造柱加固：在墙体交接处采用现浇钢筋混凝土构造柱加固。柱应与圈梁、拉杆连成整体，或与现浇钢筋混凝土楼、屋盖可靠连接。

（5）包角或镶边加固：在柱、墙角或门窗洞边用型钢或钢筋混凝土包角或镶边；柱、墙垛还可用现浇钢筋混凝土套加固。

（6）支撑或支架加固：对刚度差的房屋，可增设型钢或钢筋混凝土的支撑或支架加固。

82. 砌体结构房屋的整体性不满足要求时，抗震加固有哪些措施？

（1）当墙体布置在平面内不闭合时，可增设墙段形成闭合；在开口处增设现浇钢筋混凝土框。

（2）当纵横墙连接较差时，可采用钢拉杆、长锚杆、外加柱或外加圈梁等加固。

（3）楼面、屋盖构件支承长度不满足要求时，可增设托梁或采取增强楼、屋盖整体性等的措施；对腐蚀变质的构件应更换；对无下弦的人字屋架应增设下弦拉杆。

（4）当圈梁设置不符合鉴定要求时，应增设圈梁；外墙圈梁宜采用现浇钢筋混凝土，内墙圈梁可用钢拉杆或在进深梁端加锚杆代替，也可用钢筋砂浆面层、钢筋混凝土板墙中的集中配筋替代。

83. 多层钢筋混凝土结构应采取何种加固措施？

（1）抗震加固时应根据房屋的实际情况选择加固方案，包括采用主要提高结构构件抗震承载力、主要增强结构变形能力或改变结构体系的方案，加固后的框架应避免形成短柱、短梁或强梁弱柱。

（2）单向框架宜加固为双向框架，或采取加强楼、屋盖整体性且同时增设抗震墙、抗震支撑等抗侧力构件的措施。

（3）框架梁柱配筋不符合鉴定要求时，可采用钢构套、现浇钢筋混凝土套或粘贴钢板、碳纤维布、高强钢绞线网—聚合物砂浆层等加固。

（4）房屋刚度较弱、明显不均匀或有明显的扭转效应时，可增设钢筋混凝土抗震墙或翼墙加固，也可设置消能支撑加固。

84. 结构底层抗震承载力不足时，应采取何种加固措施？

（1）横墙间距符合鉴定要求而抗震承载力不满足要求

时，对原有墙体采用钢筋网砂浆面层或板墙加固。

（2）横墙间距超过规定值时，宜在横墙间距内增设抗震墙加固；或对原有墙体采用板墙加固且同时增强楼盖的整体性和加固钢筋混凝土框架。

（3）钢筋混凝土柱配筋不满足要求时，可增设钢构套、现浇钢筋混凝土套、粘贴纤维布等方法加固；也可增设抗震墙减少柱承担的地震作用。

（4）外墙的砖柱承载力不满足要求时，可采用钢筋混凝土外壁柱或内、外壁柱加固；或增设抗震墙以减少砖柱承担的地震作用。

85. 结构竖向构件抗震承载力不足时，应采取何种加固措施？

（1）采用钢筋砂浆面层加固。

（2）采用钢筋混凝土壁柱或钢筋混凝土套加固。

（3）独立砖柱房屋的纵向可增设到顶的柱间抗震墙加固。

86. 房屋的整体性不足时，应采取何种加固措施？

（1）屋盖支撑布置不符合鉴定要求时，应增设支撑。

（2）构件的支承长度不满足要求时或连接不牢固时，可增设支托或采取加强连接的措施。

（3）墙体交接处连接不牢固或圈梁布置不符合鉴定要求时，可增设圈梁加固。

87. 北京现有的中小学校舍能否满足抗震的要求？

北京地区中小学校舍普遍建设年代较早，当时建设时的抗震设防标准与现在相比有较大的差距。在过去的几十年里，随着经济发展水平的提高，抗震设防的要求也在不断提高。并且在汶川地震发生后,学校校舍的设防标准由标准设防提高到重点设防,设防标准进一步提高,因此早期建成的校舍很难满足如今的抗震要求。

88. 北京地区的校舍抗震加固要遵守哪些标准?

对于现有建筑的抗震加固工程,国家颁布的相应标准对该类工程提出了最低要求。针对北京的具体情况,北京市教育委员会,北京市规划委员会,北京市住房和城乡建设委员会联合发布了《北京地区中小学校舍抗震鉴定与加固技术细则》,作为北京地区中小学校舍抗震加固的地方性指导文件。

89. 砖混结构中重点部位抗震构造措施有哪些?

(1)砌体的组砌方法、留槎形式和水平灰缝砂浆饱满度,施工脚手眼的留置情况;

(2)墙体拉结筋的型号、数量和设置位置;

(3)构造柱、圈梁钢筋型号、数量及钢筋制作安装、连接质量;

(4)混凝土构件的浇筑质量。

90. 不同抗震加固方法的适用范围是什么?

(1)增大截面加固法:主要适用于钢筋混凝土受弯构件和受压构件的加固。

(2)置换混凝土加固法:主要适用于承重构件受压区混凝土强度偏低或有严重缺陷的局部加固。采用该法施工过程中,置换截面处的混凝土不应出现拉应力,若控制有困难,应采用支顶等措施进行卸荷。

(3)外粘型钢加固法:主要适用于需要大幅度提高截面承载能力和抗震能力的钢筋混凝土梁、柱结构。

(4)外粘钢板加固法:主要适用于对钢筋混凝土受弯、

大偏心受压和受拉构件。

(5) 粘贴纤维复合材加固法:主要适用于对钢筋混凝土受弯、轴心受压、大偏心受压和受拉构件。加固施工时,应采取措施卸除或大部分卸除作用在结构上的活荷载。

(6) 绕丝加固法:主要适用于提高钢筋混凝土柱的位移延性的加固。采用该法时,原构件现场检测结果推定混凝土强度等级不应低于C10,但也不得高于C50。

(7) 高强度钢丝绳网片—聚合物砂浆外加层加固法:主要适用于对钢筋混凝土受弯和大偏心受压构件。加固施工时,应采取措施卸除或大部分卸除作用在结构上的活荷载。

(8) 外加预应力加固法:主要适用于下列场合的梁、板、柱和桁架加固,即原构件截面偏小或需要增加其使用荷载;原构件需要改善使用性能;原构件处于高应力、应变状态,且难以直接卸除其结构上荷载。

(9) 增设支点加固法:适用于梁、板、桁架、网架等结构的加固。

91. 框架结构抗震有哪些构造措施?

(1) 梁、板、柱钢筋型号、数量、位置、搭接和锚固长度;

(2) 钢筋连接(机械连接、焊接、绑扎)质量;

(3) 梁柱接头箍筋加密区处箍筋的设置数量;

(4) 混凝土构件浇筑质量。

92. 校安工程结构加固方法及配合使用的技术有哪些?

建筑结构的加固可分为直接加固与间接加固两类,设计时,可根据实际条件和使用要求选择适宜的加固方法及配合使用的技术。

（1）加固及改造处理的内容：地基基础加固、复位纠偏、结构补强、裂缝修补、防渗堵漏、扩建改造、部分或全部拆除以及整体平移或旋转等。

（2）加固改造处理方法、技术和验收要求：

① 直接加固宜根据工程的实际情况选用增大截面加固法、置换混凝土加固法、外粘型钢加固法、外粘钢板加固法、粘贴纤维复合材加固法、绕丝加固法或高强度钢丝绳网片—聚合物砂浆外加层加固法等。

② 间接加固宜根据工程的实际情况选用外加预应力加固法或增设支点加固法。

③ 可以配合使用的技术包括：植筋技术、锚栓技术、裂缝修补技术、托换技术、碳化混凝土修复技术（目前尚未成熟）、混凝土表面处理技术、填充密封、化学灌浆技术、结构构件移位技术、调整结构自振频率技术等。

93. 地基基础加固处理方法有哪些？

（1）基础补强注浆加固法、加大基础底面积法、加深基础法、坑式托换法、锚杆静压桩法、树根桩法、坑式静压桩法、石灰桩法、砂石桩法、换填法、预压法、强夯法、振冲法、注浆加固法、高压喷射注浆法、土或灰土挤密桩法、深层搅拌法、硅化法、碱液法、迫降纠倾技术、顶升纠倾技术、深基坑复合土钉支护技术。

（2）地基基础加固工程的验收，可参照《建筑地基处理技术规范》（JGJ 79—2002）及《既有建筑地基基础加固技术规范》（JGJ 123—2000）及其他相关规范执行。

94. 砖混结构加固有哪些方法？

针对砖混结构的加固，主要的加固方式有：钢筋混凝土外加层加固法（喷射混凝土）、钢筋水泥砂浆外加层加固法（喷浆）、增设扶壁柱加固法、外包钢加固法、预应力撑杆加固法、增改圈梁及构造柱加固法、增设梁垫加固法、局部拆砌加固法、裂缝修补加固法。

95. 钢筋混凝土结构加固有哪些方法？

针对钢筋混凝土框架及剪力墙结构，主要的加固方式有增设钢筋混凝土抗震墙、对原有梁柱外包钢筋混凝土套以及增设消能减震装置、原有梁柱粘钢加固、粘碳纤维加固等。

96. 中小学校舍加固改造设计时，如何把好消防安全设计关？

中小学校舍加固改造设计时，对耐火等级、防火分区、防火间距、安全疏散、消防设施、消防水源等不符合相关消防技术标准要求的校舍应报当地消防部门审查备案后进行同步改造，并应达到现行相关消防技术标准要求。

97. 中小学校建设工程消防设计文件审查的内容主要有哪些？

（1）建设工程类别、总平面布局、平面布置和建筑的耐火等级；

（2）建筑构造；

（3）安全疏散和消防电梯；

（4）消防给水；

（5）自动消防设施；

（6）消防电气；

（7）热能动力；

（8）建设工程内部装修。

98. 中小学校建设工程在申报消防设计审核时需提供哪些材料?

(1) 建设工程消防设计审核申报表;

(2) 建设单位的工商营业执照等合法身份证明文件;

(3) 新建、扩建工程的建设工程规划许可证明文件;

(4) 设计单位资质证明文件;

(5) 消防设计文件及图纸;

(6) 其他依法需要提供的材料。

99. 中小学校建设工程申报消防验收时,建设单位需要提交哪些材料?

(1) 建设工程消防验收申报表;

(2) 工程竣工验收报告;

(3) 消防产品质量合格证明文件;

(4) 有防火性能要求的建筑构件、建筑材料、室内装修装饰材料符合国家标准或者行业标准的证明文件、出厂合格证;

(5) 消防设施、电气防火技术检测合格证明文件;

(6) 施工、工程监理、检测单位的合法身份证明和资质等级证明文件;

(7) 其他依法需要提供的材料。

100. 建设单位应当履行的消防安全职责包括哪些?

(1) 落实消防安全责任制,制定本单位的消防安全制度、消防安全操作规程,制定灭火和应急疏散预案;

(2) 按照国家标准、行业标准配置消防设施、器材,设置消防安全标志,并定期组织检验、维修,确保完好有效;

(3) 对建筑消防设施每年至少进行一次全面检测,确保完好有效,检测记录应当完整准确,存档备查;

（4）保障疏散通道、安全出口、消防车通道畅通，保证防火防烟分区、防火间距符合消防技术标准；

（5）组织防火检查，及时消除火灾隐患；

（6）组织进行有针对性的消防演练；

（7）法律、法规规定的其他消防安全职责。

101. 加强社会消防安全教育培训工作，教育行政部门应当履行哪些职责？

根据《社会消防安全教育培训规定》，教育行政部门应当履行的职责应包括：

（1）将学校消防安全教育培训工作纳入教育培训规划，并进行教育督导和工作考核；

（2）指导和监督学校将消防安全知识纳入教学内容；

（3）将消防安全知识纳入学校管理人员和教师在职培训内容；

（4）依法在职责范围内对消防安全专业培训机构进行审批和监督管理。

102. 中小学校舍建筑耐火等级有何要求？

（1）建筑高度 24 米以上校舍建筑的耐火等级不应低于二级；

（2）24 米及以下校舍建筑的耐火等级不应低于二级，确有困难时，可采用三级，但楼层高度不应超过二层；

（3）校舍建筑材料严禁采用以可燃易燃材料作为保温芯材的金属夹芯复合板材。

103. 对中小学校舍的总平面布局、平面布置有何消防要求？

学校不应与易燃易爆生产、储存、装卸场所相邻布置，确有困难需要相邻布置时，应布置在易燃易爆生产、储存、装卸场所全年最大频率风向的上风或侧风方向。消防车通道、各类建筑之间防火间距应符合《建筑设计防火规范》、《高层民用建筑设计防火规范》的有关规定。

104. 中小学校的配套用房有何消防要求？

食堂操作间、可燃气体液体储存间、锅炉房、配电室等火灾危险性较大的部位应与其他部位采用耐火极限不低于2小时的防火隔墙进行分隔，开口部位应采用耐火极限不低于1.2小时的防火门窗，且不应贴邻人员密集场所。

105. 何为建筑物的安全出口、封闭楼梯间、防烟楼梯间？

安全出口是指供人员安全疏散用的楼梯间、室外楼梯的出入口或直通室外安全区域的出口。封闭楼梯间是指用耐火建筑构件分隔，能防止烟和热气进入的楼梯间。防烟楼梯间是指在楼梯间入口处设有防烟前室，或设有专供排烟用的阳台、凹廊等，且通向前室和楼梯间的门均为乙级防火门的楼梯间。

106. 中小学校建设工程设计中对安全疏散如何规定？

教学用房的平面组合应使功能分区明确、联系方便和有利于疏散。

（1）校舍建筑的安全出口应分散布置，相邻安全出口最近边缘之间的水平距离不应小于5m。

（2）每个防火分区和每个楼层的安全出口（疏散楼梯）数量应依据相关规范经计算确定，且不应少于2个。当每层建筑面积不超过200m^2、楼层不超过3层，第二至第三层人数之和不超过50人时，可设1部楼梯。

(3) 各房间疏散门的数量应经计算确定,房间面积大于 $60m^2$ 时,应至少设置 2 个疏散门。房间内任一点至疏散门以及疏散门至最近安全出口的疏散距离应当符合《建筑设计防火规范》或者《高层民用建筑设计防火规范》的有关规定。

(4) 校舍建筑安全出口、疏散走道、疏散楼梯以及房间疏散门的各自宽度应经计算确定,具体计算指标应符合《建筑设计防火规范》或者《高层民用建筑设计防火规范》的有关规定。校舍建筑安全出口、疏散门不应设置门槛,其净宽度不应小于 1.4m。阶梯教室安全出入口的门洞宽度不应小于 2m。

(5) 楼梯间在楼层平台处应设缓冲空间,保证人流疏散通畅。楼梯间首层应设置直通室外的安全出口或在首层采用扩大封闭楼梯间。疏散用楼梯和疏散走道上的阶梯不应采用螺旋楼梯和扇形踏步。

(6) 校舍建筑疏散通道不应用墙和铁栅栏将建筑随意分隔。确因管理需要分隔的,其疏散通道和安全出口的数量、宽度必须符合消防技术标准规定。

(7) 疏散楼梯间在各层的平面位置不应改变。

(8) 楼梯的数量、宽度、位置和形式应满足使用要求,符合交通疏散和防火规范的规定。疏散楼梯的最小宽度不应小于 1.2m。

107. 中小学校建设工程设计中需要设置哪些消防设施?

(1) 校舍建筑的室内、外消防给水应符合《建筑设计防火规范》或者《高层民用建筑设计防火规范》的有关规定。

(2) 超过 5 层或体积大于 $10000m^3$ 的校舍建筑应设置室内消火栓系统。

(3) 按照《建筑设计防火规范》或者《高层民用建筑设

计防火规范》要求设置火灾自动报警、自动灭火、应急照明及疏散指示标志等消防设施。

(4) 教学楼、学生宿舍楼的每个楼层，食堂操作间、图书阅览室等应在明显易于取用的地方配置手提式灭火器。

(5) 学生宿舍楼宜设置漏电火灾报警系统。

108. 灯具选择有何防火要求？

(1) 照明器表面的高温部位靠近可燃物时，应采取隔热、散热等防火保护措施。卤钨灯和额定功率为100W及100W以上的白炽灯泡的吸顶灯、槽灯、嵌入式灯的引入线应采用瓷管、石棉、玻璃丝等不燃烧材料作隔热保护。

(2) 白炽灯、卤钨灯、荧光高压汞灯（包括镇流器）等不应直接安装在可燃装修材料或可燃构件上。

(3) 可燃物品库房不应设置卤钨灯等高温照明器。

109. 消防用电设备的配电线路应满足哪些规定？

(1) 消防用电设备的配电线路应满足火灾时连续供电的需要；

(2) 暗敷时，应穿管并应敷设在不燃烧体结构内且保护层厚度不应小于30mm。明敷时（包括敷设在吊顶内），应穿金属管或封闭式金属线槽，并应采取防火保护措施；

(3) 当采用阻燃或耐火电缆时，敷设在电缆井、电缆沟内可不采取防火保护措施；

(4) 当采用矿物绝缘类不燃性电缆时，可直接明敷；

(5) 宜与其他配电线路分开敷设；当敷设在同一井沟内时，宜分别布置在井沟的两侧。

110. 中小学校建设工程中哪些设备应采用消防电源？

消防控制室、消防水泵、消防电梯、防排烟设施、火灾报警装置、自动灭火装置、火灾事故照明、疏散指示标志和电动防火门窗、卷帘、阀门应设置消防电源。

111. 校安工程建筑节能设计有何要求？

（1）按照国家住房和城乡建设部及省建设厅的有关文件，学生公寓、宿舍建筑按节能50％标准执行，教学楼、实验楼、图书楼、食堂等公共建筑按节能50％标准执行。

（2）建筑物节能、热源方式、锅炉选型及输热管道保温须由设计单位具有相应资质的人员进行专项设计。

（四）项目管理篇

112. 中小学校安工程的质量安全目标的管理核心是什么？

确保质量安全是中小学校舍安全工程的核心。要严格执行工程建设程序和标准，加强技术指导，强化监督检查，确保中小学校舍安全工程质量和建筑施工安全。实施校舍安全工程要认真执行基本建设程序，要实行项目法人责任制、招投标制、工程监理制和合同管理制。鉴定、检测、勘察、设计、施工、监理等单位以及专业技术人员，应当具备相应的资质或资格。

113. 校安工程建设单位的管理职责是什么？

（1）进行项目前期策划、经济分析、专项评估与投资估算。

（2）办理土地征用、规划报建审批等有关手续。

（3）提出建设项目设计要求、组织设计招标和方案评审、组织工程勘察招标，签订勘察、设计合同并监督实施，组织设计单位进行工程设计优化、技术经济方案比选，开展设计阶段的质量和投资控制。

（4）组织工程监理、施工、设备材料采购招标。

（5）与中标的勘察、设计、监理、施工、建筑材料、设备、构配件供应等企业签订合同，同时接受业主和有关单位的监督管理。

（6）提出工程用款计划，进行工程竣工结算和工程财务决算，处理工程索赔，组织竣工验收，向业主方交付竣工建筑和移交竣工档案资料，组织编写向业主交付的建筑使用注意事项和使用说明书。

（7）做好工程保修期管理，组织项目后评估。

（8）项目管理合同约定的其他工作。

114. 校安工程项目管理的工作内容是什么？

（1）按照合同条款约定的工作内容开展项目的管理工作。负责建设项目前期准备和组织管理、施工过程中的协调管理、各阶段的检查验收、竣工资料的收集整理和交付等工作。

（2）在工作中有责任和义务对建设项目在使用功能、安全、投资等方面向业主提出合理化建议。

（3）对于项目的招标、勘察、设计、监理、施工及设备采购等各有关单位资格进行审查，对所需签订的合同报业主备案。

（4）对工程的投资、质量、安全和进度负责进行协调和管理，并按要求定期向业主汇报。

（5）批复工程的开工、停工、复工报告，并报业主备案。邀请业主工程代表每周参加由监理、施工等单位相关人员参加的监理例会。

（6）对施工组织设计、施工方案、技术措施、设计变更、现场签证和监理规划、监理细则审核把关。对监理月报、投资进度报告等进行汇总报业主。对涉及工程质量、建筑物安全和使用寿命的施工文件要认真审核把关，报设计、质量监督和业主等单位同意并备案。对涉及工程造价的文件和资料应及时由各相关单位和人员的签字认可。

(7) 定期对监理单位和施工单位的质量管理体系运行情况进行检查,代建单位自身的主要质量管理人员不得随意调整和变动,由于特殊情况需调整的应经业主批准。

(8) 核查监理、施工单位整理报送的竣工资料,并整理所有的工程资料与竣工资料一并交业主存档。向业主交付建筑物有关使用注意事项和使用说明书。

115. 校安工程进场材料应从几方面进行把关?

(1) 大宗材料采购实行"准入制"。大宗材料采购,应从进货源头严格把关,施工企业材料采购情况必须报工程指挥部备案。

(2) 材料进场前必须检查材料出厂合格证书或依据有关规定应具备的检验报告单等其他证件,如果不具备相关证书或证件,施工单位必须坚决拒收,不得投入使用。

(3) 材料进场时要进行抽检。为确保实际使用的建筑材料与送检合格材料保持一致,在材料进场时实行严格抽样送检,检验合格后才用于工程建设,对即使有合格证或相关证书但质量不符合要求的材料,坚决将其清除出场。

(4) 材料使用过程中实行复检制,已进场材料随机进行抽样复检,如发现质量不合格的,坚决不予使用或停止使用。同时追查监理公司和学校工程管理人员的失察责任。

(5) 实行全过程台账管理。建立信息齐全的建筑材料台账,对材料进场和使用实行全过程台账管理,台账上详细注明该批次原材料进场日期、品种、数量、批号、质量检验结果、使用部位等信息。

116. 校安工程项目管理要点包括哪些内容?

(1) 开工前,应按照相关文件规定,对已有的校舍工程委托有资质的检测单位进行结构鉴定,并依据鉴定结果委托相应资质的设计单位进行加固设计,并将设计图纸报图纸审查机构进行审查。

(2)校舍加固改造工程应视为房屋建筑改造工程,校舍建设单位应严格执行工程建设程序,办理工程质量安全监督手续,依法取得校舍加固改造工程的施工许可。

117. 校安工程施工现场监督员应把好哪些关键环节?

(1)严把材料进场关。严禁不合格的材料进入施工现场。

(2)严把材料送检关。坚决杜绝送检材料与施工材料不一致的现象。

(3)严把建材养护关。建材养护原则上每天不得少于三次。

(4)严把水泥、砂浆配比关。要求水泥、砂浆配比达到图纸设计要求。

(5)严把混凝土浇筑关。混凝土浇筑要达到图纸设计要求。

(6)严把工程质检关。关键部分要其质检站人员现场把关。

(7)严把旁站监理关。监理人员必须现场严格监理。

(8)严把施工安全关。确保施工人员安全。

(9)严把工程关键点检测、验收关。把关工程关键环节验收签字关。

(10)严把问题整改关。督促施工单位将问题工程彻底整改到位。

118. 校安工程实施代建制应坚持哪些原则?

(1)坚持规范性原则。中小学校舍安全工程代建按照

"政府确定项目投资及建设计划→招标选择工程代建单位或挂牌出让项目代建权→代建单位组织建设并实施全过程管理→政府组织项目验收→交付使用单位→政府一次或分期偿付工程款"的工作流程进行。

(2) 坚持节约优先原则。推行中小学校舍安全工程代建制,要严格控制工程成本,对计划打包代建的工程根据不同建设地点的投资情况进行认真测算,对项目投资成本做到心中有数,科学确定打包项目的规模。

(3) 坚持标准化原则。通过公开竞争的方式,公开选择具有专业素质的代建单位。选择的代建单位必须具备相应的资质、实力和投资信誉。

(4) 坚持整体推进原则。可以考虑校安工程项目整体打包,以代建制的方式整体推进中小学校舍安全工程建设。

(5) 坚持质量第一原则。质量是校安工程建设的生命线。实行代建的校安工程必须严格执行基本建设程序,加强工程监理,认真做好质量监督管理,确保工程质量达到国家验收规范要求。

(6) 坚持合法性原则。校安工程代建过程中必须严格执行财政、建设、环保、土地、审计、地震、消防等相关法律法规的规定。代建合同要按有关法律法规,坚持平等互利、便于管理、注重实际、效率优先的原则,明确各方的权利、责任和义务。同时,要在合同中明确工程建设标准、工程质量保证、工程建设周期、资金结算方式等内容,确保合同合法、合规、可操作。严禁在施工过程中利用施工洽商或者补签其他协议的方式,随意变更建设规模、建设标准、建设内容和投资总额,因技术、水文、地质等原因必须进行设计变更的,应由建设代建单位提出,经监理和代建单位同意,报发改部门审核后,再按有关程序报批。

119. 校安工程建设单位安全管理包括哪些内容?

(1) 加强安全管理工作,要求各参建单位建立健全安全管理体系和管理办法,做到安全工作人员到位、责任到人,建立安全管理检查和巡视制度。

(2) 施工现场和校园要严格隔离,责成施工单位要安排专人值班,加强对学生的安全教育,严禁教师和学生进入工地,杜绝发生在校师生伤亡事故。

(3) 要求施工单位建立安全责任制和安全应急预案,并落实到位。

(4) 加强施工现场安全监督工作,定期和不定期检查,确保防火、防爆和防触电等设施和安全网、警示牌到位,发现安全隐患及时责令施工单位整改创建文明施工和安全管理工地。

120. 校安工程建设单位安全管理措施有哪些?

(1) 在校园内的建设项目,施工期间学校要设立专职安全管理员,配合监理单位和施工单位做好施工现场的安全工作。做到定期检查,发现安全隐患及时纠正。

(2) 使校园和施工现场严格隔离,严禁教师和学生进入,杜绝发生师生伤亡事故。

(3) 对建设项目的安全防护设施进行监督,安全防护设施应同步设计、同步施工、同步使用。

(4) 对既有建筑的拆除工程应选用具有相应资质的施工单位负责实施,确保安全。

(5) 对建筑物二次装修工程要由设计单位对装修方案和新增荷载进行核定。

（6）要严格按照设计功能对建筑物进行使用，不得随意改变建筑物主体结构体系。

121. 中小学校舍加固改造时，对使用新技术、新工艺、新材料有哪些要求？

中小学校舍加固改造时，在经济合理的前提下，校舍加固改造工程鼓励采用符合国家标准的抗震、隔震、减震等新技术提高校舍的综合抗震防灾能力。校舍加固改造工程使用不符合工程建设强制性标准或尚未制定相应标准的新技术、新工艺、新材料的，校舍建设单位应依法取得"三新核准"，并按照核准的要求实施。

122. 中小学校舍加固改造设计时，如何把好建筑材料、建筑构配件和设备关？

中小学校舍加固改造设计时，设计单位在校舍加固改造设计文件中选用的建筑材料、建筑构配件和设备，其质量要求必须符合国家规定的标准，并应注明规格、型号、性能等技术指标。

校舍加固改造设计应考虑建筑节能。鼓励有条件的地区对校舍实施结构加固和建筑节能一体化改造。

123. 建设单位对校安工程监理的质量控制要点有哪些？

校舍加固改造工程实行监理制度，由校舍建设单位依法进行招投标，委托具有相应资质等级的监理单位进行工程监理。校舍加固改造工程监理单位应当依照法律、法规以及有关技术标准、设计文件和建设工程承包合同，代表建设单位对改造工程实施监理。监理单位不得转让工程监理业务。

（1）监理单位资质、项目监理机构的人员资格、配备及到位情况；

(2) 监理规划、监理实施细则（关键部位和工序的确定及措施）的编制审批内容的执行情况；

(3) 对材料、构配件、设备投入使用或安装前进行审查情况；

(4) 对分包单位的资质进行核查情况；

(5) 见证取样制度的实施情况；

(6) 凡涉及安全、卫生、环境保护的材料和产品应按规范规定的抽样数量进行见证抽样复验；其送样应经监理工程师签封；复验不合格的材料和产品不得使用；施工单位或生产厂家自行抽样、送检的委托检验报告无效；

(7) 对重点部位、关键工序实施旁站监理情况；

(8) 质量问题通知单签发及质量问题整改结果的复查情况；

(9) 组织检验批、分项、分部（子分部）工程的质量验收、参与单位（子单位）工程质量的验收情况；

(10) 监理资料收集整理情况。

124. 校安工程项目文件归档的范围？

(1) 项目档案归档范围包括工程实施前项目建设文件、排查鉴定文件、项目规划文件、加固改造文件等。

(2) 工程实施前项目在原建设和加固改造过程中直接形成的具有保存价值的文字、图表、声像等各种载体的文件材料。

(3) 校舍场址安全排查报告、校舍建筑安全排查报告、校舍的各种鉴定报告和检测报告、排查鉴定合同等。

(4) 对于需加固改造的校舍，设计、施工、竣工验收等各个阶段直接形成的具有保存价值的文字、图表、声像等各种载体的文件材料。

(5) 对于需要重建的校舍，选址与立项、勘察设计、施工、竣工验收等各个阶段直接形成的具有保存价值的文字、图表、声像等各种载体的文件材料。

（6）加固改造文件分为施工准备阶段文件、监理文件、施工文件、竣工图、竣工验收文件，参见《建设工程文件归档整理规范》。

125. 校安工程档案保存时间的规定？

（1）档案的保管期限分为永久、长期、短期三种。永久是指档案需永久保存，长期是指档案的保存期限等于该项目的使用寿命，短期是指档案的保存期限为20年。

（2）综合卷、规划和经费卷、监督检查卷以及学校总卷的保管期限为永久。项目分卷的保管期限为长期，具体按照《建设工程文件归档整理规范》的要求执行。拆除项目分卷的保管期限为短期。

126. 北京市对校安工程施工、监理招投标人资格有何要求？

北京市校安工程施工、监理招投标，应在《北京市校安工程加固合格承包人名册》内择优选择，《名册》入围事宜根据企业资源、相关业绩由北京市建委统一组织评选。

127.《北京市校安工程加固合格承包人名册》的适用范围？

合格承包人名册的适用范围为列入本市2010年至2011年中小学校校舍安全工程计划表中的整体加固、局部加固工程。

使用合格承包人名册的招标工作程序：

（1）采用公开招标方式招标的，招标人不需要再发布招标公告。招标人按照《北京市中小学校舍安全工程领导小组办公室关于使用本市中小学校舍加固工程合格承包人名册有关事项的通知》(京校舍安办〔2010〕8号)文件的规定,从合格承包人名册中选择并确定规定数量的投标人后,直接到招标投标监督管理机构办理投标人资格登记。

(2)招标人从名册中选择投标人的方式应当保障在册合格承包人参与中小学校校舍抗震加固项目投标的平等权利,具体方式可以是通过考察择优或者随机抽取等。

128. 校舍安全工程确定中标人过程中应考虑的因素有哪些?

(1)施工投标人之间不得存在母子公司关系,隶属同一母公司的投标人不得超过投标人总数的三分之一。

(2)施工投标人在入册资格审查文件中拟派的十位项目经理均有在建工程的,不得再参加校舍安全工程的投标。

(3)监理单位与施工承包单位不得存在隶属关系或者其他利害关系。

129. 提高招投标的管理效率有哪些措施?

(1)实行"打捆"招标。综合考虑工程规模、房屋结构形式和区域位置等因素,合理"打捆",集中完成招标投标。

(2)创新招投标监管模式。对于工期紧的项目可优先采用资格后审方式,制定使用招标文件示范文本和合同示范文本,实行施工总承包招标。

(3)鼓励采用设计和施工一体化总承包模式。在保证工程质量和进度的前提下,积极探索校安工程设计和施工一体化发包,鼓励具备相应资质和能力的企业及设计和施工企业组成的联合体参与竞标。

130. 注册建造师和注册监理工程师能否同时担任多个项目的负责人？

（1）施工投标人投标时应当严格执行《注册建造师管理规定》（建设部部令第153号）"注册建造师不得同时在两个及两个以上的建设工程项目上担任施工单位项目负责人"的规定，合理选择拟派项目经理。

（2）监理投标人委派总监理工程师时也应当执行注册监理工程师的相关规定。

131. 目前建设工程评定标方法有哪几种？

（1）经评审的最低价中标法，一般适用于具有通用技术、对技术性能没有特别要求的招标项目（目前不包括房地产开发项目）。

（2）合理报价法。适用于技术比较复杂、竞争比较激烈的招标项目。

（3）综合评分法。其评审因素一般包括：工程质量、施工工期、投标价格、施工组织设计或施工方案、投标项目经理业绩等。

132. 校安工程是否属于使用国有资金投资项目？

使用国有资金投资项目包括各级财政预算资金；纳入财政管理的各种政府性专项建设基金；使用国有企业、事业单位自有资金，并且国有资产投资者实际拥有控制权的。校安工程属于使用国有资金投资项目。

133. 如何做好校安工程专项资金管理？

（1）校安工程专项资金应当根据校安工程总体规划和年度实施计划，按照"统筹安排，突出重点，集中投入"的原则，专款专用，保证效益。

（2）校安工程专项资金应当与市中小学校舍维修改造长效机制以及其他专项工程资金相互衔接，统筹安排，避免重复。

（3）工程专项资金实行专户管理、专账核算、专款专用。严禁克扣、截留、挤占、挪用、套取校安工程专款，不能顶替原有投入，不得用于偿还拖欠的工程款和其他债务。

（4）校安工程建设资金拨付实行工程概算控制和工程进度核准制。

134. 工程变更后合同价款的确定方法？

（1）合同中已有适用于变更工程的价格，按合同已有的价格变更合同价款；

（2）合同中只有类似于变更工程的价格，可以参照类似价格变更合同价款；

（3）合同中没有适用或类似于变更工程的价格，由承包人提出适当的变更价格，经工程师确认后执行。

135. 何谓建设项目价款结算、竣工决算？

（1）工程价款结算是指承包商在工程实施过程中，依据承包合同中关于付款条款的规定和已经完成的工程量，并按照规定的程序向建设单位（业主）收取工程价款的一项经济活动。

（2）我国现行工程价款结算根据不同情况工程价款结算的方法，可采取按月结算、竣工后一次结算、分段结算、目标结款方式。

（3）竣工决算是竣工验收交付使用阶段，建设单位按照国家有关规定，对新建、改建和扩建的工程建设项目，从筹建到竣工投产或使用全过程编制的全部实际支出费用的报告。

136. 建筑工程竣工决算包括哪些内容?

(1) 竣工决算由"竣工决算报表"和"竣工情况说明书"两部分组成。

(2) 一般大、中型建设项目的竣工决算报表包括:竣工工程概况表、竣工财务决算表、建设项目交付使用财产总表和建设项目交付使用财产明细表等。

(3) 小型建设项目的竣工决算报表一般包括:竣工决算总表和交付使用财产明细表两部分。除此以外,还可以根据需要,编制结余设备材料明细表、应收应付款明细表、结余资金明细表等,将其作为竣工决算表的附件。

137. 竣工决算的编制有哪些步骤?

(1) 收集、整理、分析原始资料。

(2) 对照、核实工程变动情况,重新核实各单位工程、单项工程造价。

(3) 将审定后的待摊投资、设备工程器具投资、建筑安装工程投资、工程建设其他投资严格划分和核定后,分别计入相应的建设成本栏目内。

(4) 编制竣工财务决算说明书,力求内容全面、简明扼要、文字流畅、说明问题。

(5) 填报竣工财务决算报表。

(6) 作好工程造价对比分析。

(7) 清理、装订好竣工图。

(8) 按国家规定上报、审批、存档。

（五）施工监理篇

138. 校安工程的施工单位质量责任制的主要内容？

（1）中小学校舍加固改造时，施工单位应当建立质量责任制，确定工程项目的项目经理、技术负责人和施工管理负责人。

（2）施工单位必须按照审查合格的施工图设计文件和施工技术标准施工，不得擅自修改工程设计，不得偷工减料。施工单位在施工过程中发现设计文件和图纸有差错的，应当及时提出意见和建议。

（3）施工单位应当按照工程设计要求、施工技术标准和合同约定，对建筑材料、建筑构配件、设备和商品混凝土进行检验，检验应当有书面记录和专人签字；未经检验或者检验不合格的，不得使用。

（4）施工单位应当建立、健全施工质量的检验制度，严格工序管理，作好隐蔽工程的质量检查和记录。隐蔽工程在隐蔽前，施工单位应当通知建设单位、监理单位和建设工程质量监督机构。

139. 校安工程施工单位应落实哪些质量管理制度？

（1）质量培训制度，包括质量意识教育、质量方针、项目质量目标、项目质量计划、技术法规、规程、工艺、工法和质量验评标准，以及对分包的培训。

（2）样板引路制度，分项工程开工前，组织作业队伍进行样板分项（工序样板、分项工程样板、样板墙、样板间、样板段等）施工，样板工程验收合格后才能进行专项工程的施工。由此推行统一操作程序，统一施工做法，统一质量验收标准。

（3）"三检制"和三级检查验收制度，"三检制"即自检、互检、交接检；三级检查验收即作业队伍自检合格后，总包进行复检，然后报监理验收，验收合格后才能进入下道工序。

（4）质量会诊制度，对于施工中出现的质量问题，必要时应召开质量专题会，进行质量会诊。从人、机、料、法、环等因素方面进行系统分析，找出质量症结所在，针对症结提出解决方案。

（5）每月质量讲评制度，施工方每月应对在施工程进行实体质量检查。对质量好的承包方要予以表扬，需整改的部位明确限期整改日期，并在下周质量例会逐项检查是否彻底整改。

（6）每周质量例会制度，总结质量体系运行情况、质量上存在问题及解决问题的办法，通过例会商讨解决质量问题所应采取的措施，会后予以贯彻执行。

（7）质量挂牌制度，技术交底挂牌、施工部位挂牌、执行施工部位挂牌制度、操作管理制度挂牌、半成品、成品挂牌制度等。

（8）质量奖惩制度。

（9）质量问题追究制度。

140. 校安工程施工单位的质量管理要点包括哪些内容？

（1）施工单位应按规定组建项目管理机构，建立质量保证体系，项目经理必须参与工程项目的管理，同时施工单位应建立健全质量保证体系,建立质量追究机制。

(2)施工单位必须按照审查合格的施工图设计文件、工程特点和施工技术标准编制《工程加固施工技术方案》,不得擅自修改工程设计,确保工程质量。施工单位在施工过程中发现设计文件和图纸有差错的,或者原有工程实体构造与加固图纸或鉴定报告不符的,应当及时提出意见和建议,并告知当地的质量监督机构。

(3)建立材料检查制度。所有进场材料必须履行报验程序(尤其钢筋、水泥),复试合格后方能准入使用,对于涉及承重结构的混凝土、砂浆试块按规范留置,自拌的严禁使用"体积比",现场必须配备计量工具,确保混凝土、砂浆的强度,以免影响加固质量。同时,不准超张拉钢材在校舍加固工程中使用。

(4)施工单位应当作好隐蔽工程的质量检查和记录。隐蔽工程在隐蔽前,施工单位应当通知建设单位、监理单位进行验收,并告知当地的工程质量监督机构。

(5)加固工程材料、工艺、机械与土建工程有很大差异,施工过程中必须严格控制:①材料的性能、施工便利性和可靠性。②不同的加固方法有不同的工艺要求,工艺复杂、工序多,应制定标准施工工艺。③加固设备处于研制发展过程中,设备对最终施工质量影响较大,应建立设备适用性、可靠性评价方法。

141. 校安工程施工单位安全防护措施应包括哪些内容?

(1)中小学校舍加固改造工程要制订严格的施工安全方案。严格隔离施工区与教学区,实行工程施工封闭管理,塔吊吊臂旋转范围须限制在施工场区内。

(2)施工单位要根据师生活动范围,搭设防护通道,合理设置警示标志、绕行标志等,提示和引导避让危险,确保在校师生和施工人员的人身安全。

(3)施工单位应在施工现场设置项目公示牌,公示工程的实施方案、项目规划、工程技术标准、工程进展和实施结果等情况。施工单位应文明施工,尽力减少对学校教学和师生的干扰。

142. 校安工程施工现场公示有哪些具体要求?

(1)项目施工现场应当设置公示牌。公示项目名称、建设地点、建设内容、开工日期、预计完工日期、项目资金来源和额度、校舍安全鉴定结论、监督投诉电话以及建设、鉴定、设计、施工、监理等单位的名称、资质和责任人等情况。

(2)加固改造、重建和避险迁移项目竣工时均应当在单体建筑醒目位置设置永久性标牌,统一注明"全国中小学校舍安全工程项目"字样、竣工时间,项目县(市、区)长、教育局局长、项目学校校长姓名,设计、施工、监理等单位名称,建筑面积,资金来源及额度等内容。

143. 校安工程应从哪几个方面做好HSE(健康/环境/安全)管理工作?

(1)按照北京市建委创建市级文明样板工地的标准和北京市有关建筑施工现场管理规定进行文明安全生产管理。根据OSHMS 18000《职业安全健康管理体系标准》、国务院新颁发的《建设工程安全生产管理条例》、《建筑施工安全检查标准》(JGJ 59—99)、ISO 14000 环境管理体系标准的要求管理现场,建立现场安全、环保管理体系,制定安全生产责任制及相应的措施和制度。

（2）根据现场实际情况，对各种危险因素进行识别，编制安全技术方案，重点对临边防护、高空坠物、拆除吊装等方面进行有效控制。

（3）对用地范围内的场地和设施以及通往外部的交通路线进行规划布置，形成相对封闭的施工空间。

（4）及时与城管及周边社区居委会取得联系，了解周边居民的上下班时间，合理安排施工工序，有特殊情况时调整施工时间，晚22：00至次日凌晨6：00不从事产生噪声扰民的施工生产活动，将施工导致的扰民因素降到最低限度。

（5）施工现场成立防扰民和保护周边环境工作小组，设立居民来访接待办公室，公布现场联系电话，密切联系周边居民，主动走访周边居民，专人负责接待居民来访，作好解释工作，对合理的要求及时采取措施。

（6）对于施工设备带来的噪声污染，首先力求使用新设备，及时维修设备出现的问题，噪声比较大的设备采用挡板和隔声布进行封闭使用。

144. 校安工程施工单位在拆除工程中应采取哪些安全保障措施？

（1）必须采取相应措施确保作业人员在脚手架或稳固的结构上操作，被拆除的构件应有安全的放置场所。

（2）施工中必须由专人负责监测被拆除建筑的结构状态，并应做好记录。当发现有不稳定状态的趋势时，必须停止作业，采取有效措施，消除隐患。

（3）拆卸下来的各种材料应及时清理，分类堆放在指定场所，上层建筑垃圾应设置串筒倾倒，不得随意从高处下抛，并及时清运。拆下的材料和建筑垃圾应及时清理，严禁高空抛下。拆卸的材料应放置垂直升降设备或溜槽卸下。建筑垃圾应设置垃圾井道卸下。

（4）屋面、楼面上，不得集中堆放材料和建筑垃圾，堆放的重量或高度应经过计算，控制在结构承载允许范围内。

（5）拆除施工应分段进行，不得垂直交叉作业。作业面的孔洞应封闭。

（6）楼板上严禁多人聚集或堆放材料。

145. 校安工程施工单位雨期施工需采取哪些技术措施？

（1）进入雨期，各施工单位应提前做好雨期施工中所需各种材料、设备的储备工作，以免雨期造成交通不便，材料供应不及时而严重影响施工进度。

（2）各工程施工单位要根据各自所承建工程项目的特点，编制有针对性的雨期施工技术措施，由各项目学校负责定期检查执行情况。

（3）施工期间，要及时掌握气象情况，遇有大风、暴雨等恶劣天气时，项目学校或施工单位应及时通知施工现场负责人员，以便采取应急措施。尤其是高空作业、大体积混凝土浇筑等重点工序施工前，更要事先了解天气预报，确保施工安全和混凝土的施工质量。

（4）施工现场道路必须平整、坚实，两侧设置排水设施，主要路面应铺设矿渣、砂砾等防滑材料，必须保证施工道路循环畅通。

（5）对不适宜雨期施工的工序一定要做到提前安排，土方、基础工程等雨期不能间断施工的，要调集人力组织快速施工，尽量缩短雨期施工时间。

（6）根据"晴外、雨内"的原则，雨天尽量缩短室外作业时间，加强劳动力调配，合理组织工序穿插，以保证工程质量和加快施工进度。

(7) 施工临时用电线路要保证绝缘性良好,并架空设置,电源开关箱及施工用电设备要有防雨措施,切实做好施工用电安全工作。

(8) 现场施工人员要注意防滑、防触电,必须加强和提高自我保护意识,确保安全施工。

(9) 各项目学校要组织成立施工现场防汛小组,遇有汛情时,应及时有效、有组织地进行工地防汛工作。

(10) 土方及基础施工时,各施工单位要妥善编制切实可行的施工方案和安全技术措施,土方开挖前应备好水泵等排水设施。

(11) 基础工程挖土时,必须严格按规定放坡,坡度应比平常施工时适当放缓,多备塑料布覆盖,必要时采取挡土板支护等保护措施。基槽周边不得堆放材料或弃土,基槽挖完后及时组织浇筑基础垫层,防止雨水浸泡、冲刷而影响基础工程质量。

(12) 基础开挖前,应沿基坑边做防水土坝,并在基坑四周设集水坑或排水沟,防止地面雨水灌入基坑。受水浸泡的基坑在施工前,应将稀泥除净,经有关质量管理部门重新验收合格后,方可进行下道工序的施工。

(13) 模板安装时,模板支撑处地基应保证坚实或者下设垫木,雨后及时检查支撑是否牢固,以免模板下沉而影响混凝土的施工质量。

(14) 混凝土浇筑时不得在中雨以上进行,遇雨停工时,应采取塑料薄膜覆盖等防雨措施。待继续浇灌时,混凝土施工缝应按规定要求进行处理。

(15) 脚手架、卷扬机提升架的地基应保证坚实,立杆下应设混凝土垫块或现浇混凝土垫层,以免雨水浸泡造成下沉而影响施工安全。

(16) 屋面防水工程施工时,应掌握近期天气预报,抢晴天施工,严禁在雨中进行防水施工作业。

(17) 雨天焊接作业必须在防雨棚内进行,严禁露天冒雨作业。

(18) 外墙面装修时,应特别注意防止降雨冲刷,降雨时严禁进行外墙面装修作业。

146. 校安工程实体质量管理包括哪些内容?

(1) 对工程实体质量的监督采取抽查施工作业面的施工质量与对关键部位重点监督相结合的方式。

(2) 重点监督工程地基基础加固、主体结构加固和其他涉及结构安全的关键部位。

(3) 抽查涉及结构安全和使用功能的主要材料、构配件和设备的出厂合格证、试验报告、见证取样送检资料及结构实体检测报告。

(4) 抽查结构混凝土及承重砌体加固施工过程的质量控制情况。

147. 混凝土结构工程加固监理控制要点有哪些?

(1) 合理确定加固方案。混凝土结构工程加固常采用的方法有加大截面加固法、改变结构受力加固法、粘钢加固法、粘碳纤维布加固法等。具体采用何种方法,应根据加固构筑物的不同情况合理确定。方案的确定要遵循技术可行、经济合理、施工方便的原则。优秀的加固方案不仅要体现在质量好、造价低、施工便捷,同时还要满足业主对各种使用功能要求。

(2) 认真审查施工方案。加固工程中不安全因素较多,加之为处理必须进行局部剔凿，又增加了新的危险因素，因此，施工前监理单位应认真审查施工单位编制的混凝土结构加固工程施工方案，确保整个加固施工方案安全、可靠。由于混凝土结构加固工程结构本身可能存在某些缺陷，监理单位在审查此类工程施工方案时，除了按常规对施工方案中施工工艺、施工方法、进度计划、质量进度安全保证措施进行审查外，还应重点针对具体的施工方法对结构加固中的结构安全进行审查，以确保施工过程中结构安全、施工安全。

（3）狠抓施工阶段质量控制。施工是形成工程项目实体的过程，也是决定最终产品质量的关键阶段，因此，狠抓混凝土结构工程加固施工阶段质量控制尤为重要。一旦结构加固工程出现质量问题，混凝土构筑物将会雪上加霜，其造成的损失是不可估量的。

（4）在混凝土结构工程加固施工中，影响质量控制的因素主要有"人、材料、机械、方法和环境"等五大方面，即4M1E。因此，对这五方面因素严格控制，是保证工程质量的关键。

148. 钻孔锚筋施工的监理质量控制要点有哪些？

（1）严格按使用说明书使用胶料，计量要准确，按照比例用磅秤称量（或做量桶标注），配胶由专人进行，搅拌要均匀，配好胶后要在规定的时间内用完。

（2）钻孔深度、孔径、钢筋处理、配胶等均要依据设计要求及材料、工艺要求进行专人验收，合格后方可进行下步施工。

（3）在施工现场同种环境下做抗拔试验，抗拔力应达到设计要求。

（4）确保养护质量，保证养护天数。

（5）钢筋粘锚施工的验收：在粘锚生根的原件上抽样进

行非破坏性抗拔试验，应超过设计要求的标准强度值。抽样数量与设计单位商定，一般按每层每段抽取若干组，每组三根；在施工现场同种环境下做若干试件，进行抗拉拔破坏性试验。试件数量与设计单位商定。

149. 粘钢加固施工的质量控制要点有哪些？

（1）工程验收时必须有钢板及建筑结构胶的材质证明、复试报告及胶的抗拉拔试验报告。

（2）每一道工序结束后均应按工艺要求及时进行检查，做好相关的验收记录，如出现质量问题，应立即返工。

（3）加固构件的粘钢质量，一般采用非破损检验，即从外观检查钢板边缘溢胶色泽，硬化程度，用小锤敲击钢板表面，以回音来判断有效粘结面积，如出现空鼓等粘贴不密实的现象可采用压力灌胶的方法进行补救，若粘结面积锚固区少于90%，非锚固区少于70%（锚固区由设计计算确定），则判定粘结无效，需重新施工。

（4）对于重大工程，为真实检验其加固效果，尚需抽样进行荷载试验，一般仅作标准使用荷载试验，即将卸去的荷载重新全部加上，其结构的变形和裂缝开展应满足设计使用要求。

（5）大面积粘贴前需做样板，待有关方面验证后，再大面积施工。

（6）关键控制点：

① 工作环境的温度应控制在5～60℃之间，这是由于胶本身的性能要求决定的。

② 工作环境的相对湿度不大于70%，如果相对湿度过大，胶容易受潮而起鼓泡，从而影响粘贴质量。

③ 基底处理是关键工序，基底处理不应只停留在构件

的表面处理,尤其对于老结构,更应对其本身检查是否有空鼓、裂缝现象,以便采取相应措施保证粘贴质量。

④ 粘贴时应避免先粘后焊,因焊接温度过高,容易引起结构胶老化而失效。

⑤ 粘贴钢板与原构件宜采用胀管螺栓连接。

150. 墙面喷射混凝土的监理质量控制要点有哪些?

(1) 为保证喷射混凝土质量,应尽量采用商品混凝土干拌料。

(2) 在喷射作业前应对受喷表面进行喷水湿润。喷射作业应按施工技术方案要求分片、分段进行,且应按先侧面后顶面的喷射顺序自下而上施工。

(3) 当设计的加固修复层厚度大于70mm时,可分层喷射。当分层喷射时,前后两层喷射的时间间隔不应少于混凝土的终凝时间。当在混凝土终凝1h后再进行喷射时,应先喷水湿润前一层混凝土的表面。当在间隔时间内,前层混凝土表面有污染时,应采用风、水清洗干净。

(4) 喷射时,喷射手应控制好水灰比,保持喷射混凝土表面平整,湿润光泽,无干块滑移、流淌现象。

(5) 应控制喷射混凝土作业的回弹率,墙面不宜大于20%。落地的回弹料宜及时收集并打碎,防止结块。

(6) 喷射混凝土每一工作班的每$50m^3$或小于$50m^3$混凝土为一组(3块)试块,留取两组,一组同条件,一组标准养护,标准养护试块必须于3天内送至检测单位。

151. 粘贴纤维布加固工程对基底表面处理的质量控制要点有哪些?

(1) 砖砌体墙面处理,要求用人工配以切割机及振动较小的机械拆除原抹灰面，严禁破坏砖砌体；清理拆除后的墙面时要清除松动的砖块、夹渣，浮尘要用空压机进行清理，而后用清水湿润，最后用高聚合砂浆找平（厚度≥25mm）；找平层干燥后进行打磨平整，浮尘要用空压机进行清理。

（2）混凝土表面处理，应清除被加固构件表面的夹渣、疏松、蜂窝、麻面、起砂腐蚀等混凝土缺陷，露出混凝土结构层并修复平整，对较大孔洞、凹陷、露筋等部位，在清理干净后，应采用粘结能力强的修复材料进行修补；被粘结的混凝土表面应打磨平整，除去表面浮浆、油污等杂质，直至露出混凝土结构新面。混凝土表面应清理干净并保持干燥；监理应进行隐检验收。

152. 粘贴碳纤维布加固工程工艺过程的质量控制要点有哪些？

配制底胶时应严格按照胶粘剂厂家提供的工艺条件精确配比称量，此时监理应对计量器具进行检查，要求施工单位提供由专业检测单位出具的年检验报告。

（1）配制底胶时应搅拌至色泽均匀，严禁油污、杂质混入。

（2）根据现场实际环境温度确定胶粘剂的每次拌合量，并严格控制使用时间。

（3）多层粘贴时应在纤维布表面的胶粘剂指触干燥时立即进行下一层粘贴。

（4）纤维布粘贴施工时监理应做好旁站记录，纤维布粘贴固化后进行隐蔽验收，总有效粘贴面积大于95%为合格；现场要做纤维布抗拉强度检测，要由有见证资质的试验单位实施。

（5）纤维布四周粘贴钢板锚固时，应加强对纤维布的保护，穿墙锚栓应尽量放在纤维布空格内，无法避免时损坏的面积不得大于有效面积的10%。钢板锚固时纤维布要有足够的长度锚固在钢板粘贴面内。

153. 框架梁粘贴钢板加固的质量控制要点有哪些？

（1）施工前应打磨梁的粘贴表面至坚实层，并采取化学清洗剂清除浮尘。

（2）粘贴钢板前各锚固孔必须避开梁内的钢筋，并用空压机或气筒清理孔内灰尘。

（3）加固时，钢板必须粘贴服帖且边缘应有挤出胶，各锚栓应加50MPa紧固。固化后，对锚栓应进行抗拔承载力现场非破坏性检测，该检测为见证取样检测。

（4）加固好后，钢板外表面刷两道防锈漆和一道环氧树脂砂浆，外罩20mm厚钢丝网环氧树脂砂浆保护层。

154. 柱包钢加固工程的质量控制要点有哪些？

柱包钢加固时，应采取措施使楼板上下角钢、扁钢可靠连接，顶层的角钢、扁钢应与屋面板可靠连接，底层的角钢、扁钢应与基础锚固。基础采用钢筋混凝土套加固。

（1）柱四角外贴角钢，角钢应与外周的钢箍板焊接，现场监理应进行焊接材料及焊缝见证取样送检。

（2）角钢与混凝土柱之间应采用结构胶粘剂粘结，不宜用高聚合砂浆填塞（实践证明易出现空鼓）。要求注胶必须在角钢、扁钢焊接后进行，胶缝厚度宜控制在3~5mm。

（3）所使用的胶粘剂必须通过毒性检验，对完全固化的胶粘剂其检验结果应符合无毒性等级的要求，严禁使用乙二胺做改性环氧树脂固化剂。

（4）钢材表面应刷防锈漆，后抹钢丝网环氧树脂砂浆 25mm。

155. 校安工程外墙外保温的质量控制要点是什么？

（1）建筑外墙外保温工程施工前，外墙墙身上各种进户管线、空调管孔、水落管和空调支架等，应按设计要求安装完毕，并按外保温系统厚度留出间隙；外墙墙身上的对拉螺栓孔、脚手架拉结点及脚手架眼等应进行可靠封堵；外墙门窗洞口尺寸和位置应符合设计和施工质量要求；门窗辅框应完成安装。上述内容均应经监理验收合格。

（2）外墙外保温工程施工前墙体表面必须进行整体找平处理。

（3）首层墙面必须加铺一层加强耐碱玻纤网布。

（4）保温板应采用满粘或条粘法粘贴，粘结面积不得小于80%。

（5）外墙外保温系统锚固件的数量、位置、锚固深度和拉拔力应符合设计要求。锚固件施工前应进行现场拉拔力试验，其试验数量参照后置式锚栓执行。

156. 如何有效做好校安工程的监理工作？

（1）中小学校舍加固改造工程实行监理制度，由校舍建设单位依法进行招投标，委托具有相应资质等级的监理单位进行工程监理。

（2）校舍加固改造工程监理单位应当依照法律、法规以及有关技术标准、设计文件和建设工程承包合同，代表建设单位对改造工程实施监理。监理单位不得转让工程监理业务。

（3）校舍加固改造工程监理单位应当选派具有相应资格的总监理工程师和监理工程师进驻施工现场。

（4）监理工程师应当按照工程监理规范的要求，采取旁站、巡视和平行检验等形式，对校舍加固改造工程实施监理。自开工之日起，工程监理人员应保证每天在工地，按照国家有关施工现场监理的规定，严格检查入场建筑材料质量和施工工序、工艺、方法、进度、质量等各个环节，详细记录监理日志，杜绝不符合设计要求或不符合质量标准的材料进入工地。施工过程中发现重大质量安全问题应依法及时报告。

（5）校舍加固改造工程施工中每道工序，均应由施工单位在做好自检及隐蔽工程记录的同时提出验收申请，由工程监理人员进行现场验收。上道工序验收合格方可转入下道工序施工。

（6）未经监理工程师签字，建筑材料、建筑构配件和设备不得在工程上使用或者安装，施工单位不得进行下一道工序的施工。未经总监理工程师签字，不得进行竣工验收。

157. 监理质量控制的重点内容有哪些？

（1）把好进场材料关，一定是合格的材料才能使用。

（2）做好施工前的各项技术准备工作，包括人员培训、检查施工方案是否可行、每道工序的技术交底等。

（3）一定要做好隐预检工作，尤其是隐检工作。由于加固工程无论采用何种方法，必须与原有结构紧密结合，原结构的装饰面层、抹灰不清除干净，就起不到加固的作用，同时若使用喷射混凝土还应将原结构面提前喷湿，使混凝土有效结合。

（4）后期要做好养护工作，喷射混凝土养护时间不得少于14天。

（5）留置混凝土试块。

（6）钢筋、角钢、钢板等材料规格、品种要符合设计要求，并要有复试报告，合格后方可使用。钢筋绑扎要符合设计要求。

（7）若采用喷射混凝土应注意喷射厚度，一次喷射厚度不得超过50mm，喷头与受喷面应基本垂直，喷射距离宜保持在0.6~1m。

（8）凡是结构工程施工，监理都应参与旁站，监理发现问题及时解决、处理。

（9）由于校安工程大部分对学校的门窗、给排水、采暖、弱电走向都进行了改造，在工程实施过程中要注意楼层的标高，由于有的旧楼楼层标高相差较多，遇到此问题应与学校和设计协商解决。

（10）在加固过程中尽量不要破坏原结构，以免造成新的隐患。

158. 监理质量控制的方法和手段有哪些？

监理人员应当按照《建设工程监理规范》（GB 50319—2000）的要求，采取旁站、巡视和平行检验等形式对工程实施管理，自项目开工之日起，保证每天在现场，严格检查入场建筑材料质量和施工工序、工艺方法、进度、质量、安全等各个环节，详细记录管理日志，如实向县（市、区）"校安办"报告情况。项目施工中每道工序均应由施工单位在做好自检及隐蔽工程记录的同时提出验收申请，由监理人员进行现场验收，上道工序验收合格方可转入下道工序施工，施工过程中发现质量问题，应立即制止，若制止不掉，应及时通知建设单位和质量监督机构。

159. 监理对校安工程施工过程中发现的原结构质量缺陷如何处理？

校安加固施工应采取措施避免或减少损伤原结构构件。建筑物表面粉刷层铲除后，监理单位（或建设单位）应及时组织设计、施工等有关单位进行验收，发现原结构或相关工程隐蔽部位的构造有严重缺陷时，应会同加固设计单位采取有效处理措施后，方可继续施工；如果发现现有结构与鉴定结构所描述的质量不符，设计单位应按照现有质量状况，出具加工方案，确保房屋结构的承载能力、抗震能力。对可能导致的倾斜、开裂或局部倒塌等现象，应预先采取安全措施，所有穿楼板钢筋，钻孔时均不得切断和拉伤原楼板钢筋。

160. 校安工程中如遇到图纸与实际情况不符如何处理？

监理在工作过程中遇到图纸与实际情况不符时，应第一时间与建设单位（代建）联系，并书面报告，监理无权更不能擅自修改设计图纸，应在征得设计同意并由设计出具设计变更图纸后，方可进行施工。

161. 监理企业如何建立健全自身保障体系？

（1）建立健全公司安全监理管理体系；
（2）落实项目监理部各岗位人员安全监理职责；
（3）编制安全监理方案和安全监理细则；
（4）进行有针对性的安全监理培训；
（5）建立监理部安全工作制度。

162. 监理项目部的工作制度应包括哪些？

按照"事前控制、事中监督、事后验收"的原则，进一步健全完善工程建设监理的各项规章制度。包括工程建设监理规划制度、技术文件审核制度、原材料和设备入场制度、工程项目检测制度、工程质量评定制度、工程计量付款签证制度、施工现场紧急情况报告制度等一系列科学、合理、可行的监理工作制度；以及监理人员考评制度、监理人员工作守则、会议制度、资料归档制度、奖惩制度、财务管理制度等一系列严密、规范、高效的内部管理制度。要切实通过制度建设，将监理工作的"工程质量控制、工程进度控制和资金报账控制"贯穿于校安工程建设的始终。

（1）审查核验制度：在所有施工组织设计和专项施工方案中必须审查其安全方面的内容。审查施工单位资质和安全生产许可证、项目经理和专职安全生产管理人员的资格是否与投标文件相一致；审核发特种作业人员的特种作业资格证书是否合法有效；审核发施工单位应急救援预案和安全防护措施费用使用计划；审查施工单位的施工组织设计和专项施工方案。

（2）巡视检查制度：所有监理人员在巡视现场时均要注重发现安全隐患，发现安全隐患时要进行记录与汇报。负责安全工作的监理工程师每天巡视主要的施工现场一次，并记录有关安全情况，处理有关安全隐患。

（3）安全隐患处理制度：发现重大隐患且很可能发生事故，要立即处理并要求施工单位在2～4小时内消除，否则签发隐患影响区域的停工令；重大隐患且可能会发生事故，应要求施工单位在4～8小时内消除隐患，否则必须签发隐患影响区域内停工指令。如仍得不到整改，必须立即通过业主向有关主管部门报告。

（4）检查验收制度：每月进行一次安全检查，书面指出施工现场所在的安全隐患，书面要求施工单位整改。

（5）督促整改制度：对于发现的工程安全隐患，书面通知施工单位进行整改,情况严重的,监理部应及时下达停工令,要求施工单位停工整改,并同时报告建设单位;在隐患消除后,监理部应检查整改结果,签署复查或复工意见。施工单位拒不整改或不停工整改的,监理部应及时向工程所在地建设主管部门报告。

163. 校安工程施工准备阶段安全监理包括哪些内容?

(1)审核施工现场及毗邻建筑物、构筑物和地下管线等的专项保护措施;

(2)审查承包单位的企业资质和安全生产许可证,核查安全协议签订情况;

(3)审查施工组织设计中的安全技术措施和专项施工方案;

(4)审查施工单位安全生产保证体系;

(5)核查项目经理部现场管理人员安全教育培训记录。

164. 校安工程施工阶段安全防护文明施工的监理包括哪些内容?

(1)检查施工单位现场安全生产保证体系的运行,包括专职安全生产管理人员到岗情况、施工现场安全生产责任制、安全管理制度的落实情况、安全技术措施和专项施工方案的落实情况、进场作业人员的安全教育培训记录、特种作业人员持证上岗资格、施工前工程技术人员对作业人员进行安全技术交底的记录、施工现场消防安全责任制度的落实情况。

(2)检查项目经理部对施工机械和安全设施的验收手续。

(3)检查施工现场起重机械设备和整体提升脚手架、横板等自升式架设设施的安装验收手续和拆卸方案的审批手续。

(4) 检查项目经理部安全自检工作制度的执行情况,参加施工现场的安全生产检查。

(5) 检查项目经理部现场安全文明施工措施项目的落实情况。

165. 校安工程监理安全巡视检查的内容有哪些?

(1) 对施工过程进行巡视,检查项目经理部严格按照施工组织设计和专项施工方案安全施工状况。

(2) 检查施工现场安全生产责任制、安全检查制度和事故报告制度的执行情况和项目经理部进行的安全自查工作情况。

(3) 对高危作业的关键工序实施现场跟班监督检查。对不同专业分包单位交叉作业时加大安全监督检查力度。

(4) 对检查出的各类安全隐患要下达整改通知单,限期改正;对存在重大安全隐患的下达停工整改通知书责令立即停工限期整改。监理部应对整改结果复查并向建设单位报告。

(5) 如其拒不整改或不停止施工,监理部应及时向公司和工程所在地建设行政主管部门报告。

166. 校安工程投资控制中的常见问题?

(1) 重施工、轻决策和设计阶段的投资控制思想和传统习惯;

(2) 施工合同签订不严谨、不规范;

(3) 设计变更、施工签证随意、不规范;

(4) 竣工结算高估冒算、相互扯皮现象严重。

167. 如何做好经济签证的管理工作?

由于校安工程图纸单一,现场实体与图纸出入较多,造成设计变更、经济签证较多。为做到程序合法,手续齐全,特别是加固工程中还涉及国债资金,更要经得起检查和审计,要求建设单位现场管理人员对施工单位提出的变更、经济签证严格把关,对现场出现的情况,会同监理公司结合现场情况认真审核,对确需变更和办理经济签证的及时汇总提交区校安办,由区校安办协调区直相关单位到现场给予确认,对没有经过确认的项目,施工单位不得擅自组织施工。对经济签证涉及的工程量的确认,跟踪审计单位必须派人现场进行核实。同时,要求监理单位对现场发生的变更,要留下文字和图片资料备查。

为确保工程签证的真实性、公正性,工程签证要及时在现场办理,不允许后期补签,签证资料上必须加盖双方单位公章和监理工程师、校方的技术代表签字。工程签证只办理招标范围内增减和变更部分的签证,以及招标范围以外新增的工程签证。

168. 校安工程办理经济签证的原则是什么?

(1) 办理现场经济签证应秉承坚持实事求是、高效快捷原则。

(2) 涉及的工程变更签证,必须提供图纸、招标文件、答疑、图纸会审记录、图纸审查意见及回复、施工合同、材料预算价格表、技术核定单、隐蔽工程记录、监理施工日记等相关资料。

(3) 涉及工程变更的项目,原则上必须先预算出变更项目造价后施工。由工程承包方编制项目预算调整单,先报给监理工程师初审,在征得业主签字同意,立即办理相关手续后方可施工,其费用可列入总造价。坚持工程变更的合理性为前提,强化各责任主体的过程控制,对设计变更、经济签证发生的执行程序，项目责任主体现场签证的记录，工程变更和经济签证工作量的确定，保证校安工程变更会前工作合理、及时、准确，既满足工程质量和进度需要，又合理控制工程成本，促进校安工程按计划顺利实施。

（4）所有签证必须经施工、监理、代建（建设）、学校四方同意确认办理。施工单位的项目经理，代建单位的驻工地代表，以及项目监理人员对签证的真实性负责。凡属于隐蔽工程，必须由施工、监理、代建、跟踪审计单位、学校五方签字确认。

169. 校安工程监理如何有效管理现场签证？

（1）熟悉合同为造价控制工作的第一步，应特别注意有关造价控制的条款，尤其是业主会根据自身的条件和要求约定一些特别条款。

（2）临时处理的现场签证应当做到一次一签，及时处理，及时审核，确定费用，上报业主。

（3）在工作中要注意和业主沟通，当好业主的参谋，严格审核现场签证，就能避免违反规定的签证出现。

（4）要严格四方签证制度。所有的现场签证必须经施工单位项目经理、总监理工程师、设计单位代表、业主代表四方共同签字方为有效。

（5）签证内容必须与实际相符，在抓好工程质量、工期、安全监督的同时，充分重视节约工程投资的重要性。

（6）签证的范围应正确，明确招投标范围，切勿盲目签证。

170. 监理应如何做好校安工程进场材料的报验？

监理应熟练掌握《北京市建设工程见证取样和送检的管

理规定》(试行),凡是用于承重结构的材料执行100%见证取样,同时要注意进一批验一批,并应注意进场材料是否在市建委备案,未经备案的材料严禁使用,未经监理验收的材料严禁使用在工程上。

171. 校安工程对涉及结构使用的材料有何要求?

(1) 结构加固用的混凝土,其强度等级应比原结构、构件高一级,且不得低于C20级。

(2) 结构加固用的混凝土,可使用商品混凝土,但所掺的粉煤灰应为I级灰,且烧失量不应大于5%。

(3) 当结构加固工程选用聚合物混凝土、微膨胀混凝土、钢纤维混凝土、合成短纤维混凝土或喷射混凝土时,应在施工前进行试配,经检验其性能符合设计要求后方可使用。不得使用铝粉作为混凝土的膨胀剂。

(4) 加固所用的钢材(钢筋、钢板等)应复验合格后使用。

(5) 加固用的纤维复合材料(碳纤维布及条形板、玻璃纤维单向织物)安全性能指标必须符合《混凝土结构加固设计规范》(GB 50367—2006)中表4.4.2要求。当复验合格的碳纤维与其他改性环氧树脂胶粘剂配套使用时,必须重新做适配性检验,检验项目包括:抗拉强度标准值、仰贴条件下纤维复合材与混凝土正拉粘结强度、层间剪切强度。

(6) 承重结构的现场粘贴加固,严禁使用单位面积质量大于300g/m² 碳纤维织物或预浸法生产的碳纤维织物。

(7) 承重结构用的胶粘剂,必须进行安全性能检验。浸渍、粘结纤维复合材料的胶粘剂必须采用专门配制的改性环氧树脂胶粘剂,承重结构加固工程中不得使用不饱和聚酯树脂、醇酸树脂等作浸渍、粘结胶粘剂。

(8) 粘贴钢板或外粘贴型钢的胶粘剂必须采用专门配制的改性环氧树脂胶粘剂。

(9) 钢筋混凝土承重结构加固的胶粘剂,其钢—钢粘结抗剪性能必须经湿热老化检验合格。

(10) 混凝土结构加固用的胶粘剂必须通过毒性检验。对安全固化的胶粘剂,其检验结果应符合实际无毒卫生等级的要求。

(11) 对掺加氯盐、使用除冰盐和海砂以及受海水侵蚀的混凝土承重结构加固时,必须采用喷涂型阻锈剂,并在构造上采取措施进行补救,以保证其耐久性在设计使用年限内不受破坏。

172. 校安工程如何把好节能材料实体检验关?

(1) 进场的保温材料、抗裂配件和锚固件等必须有产品合格证及有效期两年的型式检验报告。

(2) 主要材料进场后,要按批次见证取样送至具备相应资质的检测单位复试,复试合格后方可使用,确保保温材料的性能指标符合设计规范、标准要求。因保温浆料原材复验需49天,监理工程师应提醒施工单位提前送检,以避免未取得检测报告而窝工或不按建设程序施工。

(3) 合理划分检验批及复验批次。保温节能施工前,监理工程师应审查施工单位报验的保温节能检验批划分与复验批次方案。如:相同材料、工艺和施工条件的墙体保温节能工程每500~1000m^2墙面面积为一个检验批,不足500m^2也应划分一个检验批。保温节能原材(含辅助材料),同一厂家、同一品种的产品,当工程建筑面积20000m^2以下时各抽查不少于3次,当工程建筑面积在20000m^2以上时各抽查不少于6次等。节能保温留置部位、数量应符合要求。工程完成后应做拉拔试验。

（4）严格按节能规范、规程，做好保温实体检验。如：门窗的气密性、水密性、抗风压试验，中空玻璃露点试验，传热系数 K 值试验，透光系数试验；围护节能保温做法实体检验；锚固件拉拔试验；现场热工性能检测等。对于居住建筑节能工程质量不符合要求时，应逐幢检测其实际节能效果。

173. 钢筋进场的质量监控要点有哪些？

（1）钢筋进场后首先检查产品合格证、出厂检验报告单、每捆（盘）钢筋的标牌；使用前检查复验报告。

（2）热轧钢筋检验批必须由同一直径和同炉号组成，重量不大于60t。由容量不大于30t的氧气转炉或电炉冶炼的钢坯和用连铸坯轧成的钢筋，允许由同钢号、同一冶炼和浇铸方法的不同炉罐号的钢筋组成混合批，但每批不得超过6个炉罐号。

（3）外观检查。钢筋应平直，表面无损伤、裂纹、结疤、折叠和油污，钢筋表面允许有凸块，但不得超过横肋的最大高度。

（4）放在露天场地应选择地势较高，有一定的排水坡度的地方堆放，距地面高度不小于200mm。

174. 钢筋工程隐检的质量控制要点有哪些？

（1）根据设计图纸检查纵向受力钢筋的品种、规格、数量、间距是否正确；

（2）检查箍筋、横向钢筋的品种、规格、数量、间距是否符合规定；

（3）检查钢筋连接方式接头位置、搭接长度及接头面积率是否符合规定；

（4）检查预埋件的规格、数量、位置是否正确；

（5）检查保护层是否符合要求；

（6）检查钢筋绑扎是否牢固有无松动；检查表面有无不允许的油渍和铁锈；

（7）检查完毕后按程序进行隐蔽验收，或提出整改意见。

175. 校安工程应如何进行检验批的划分？

结构工程施工可根据施工的要求、质量控制的需要和专业验收的需要，按楼层、施工段、变形缝等进行划分，规划对其他分部工程检验批的划分也有明确要求，如：装饰装修分部工程中的抹灰工程，材料、工艺和施工条件相同的抹灰工程，室外抹灰 $500 \sim 1000 m^2$ 为一个检验批，室内抹灰、吊顶、轻质隔墙、饰面砖、涂料等 50 个自然间（大房间和走廊 $30 m^2$ 为一间）为一个检验批，同一品种、类型和规格的门窗每 100 樘为一个检验批。

176. 校安工程监理资料如何组卷？

校安工程按照《建筑工程资料管理规程》（DB 11—T695—2009)资料规程组卷，安全资料按照《建设工程施工现场安全资料管理规程》（DB 11—383—2006）组卷。在加固过程中地下部分按地基与基础分部、地上部分按结构分部，工程按分部工程实施组卷，组卷方法按城建档案馆的要求统一归档，或报当地房管部门，监理单位出具《工程质量评估报告》和《竣工移交证书》。

177. 校安工程监理的进度管理措施有哪些？

（1）以工程总控计划为依据，制定分阶段工期控制目标，通过控制分段计划来确保总工期。

（2）工程施工进度计划由总进度计划、月计划和周计划三级计划形成，各计划的编制均以上一级计划为依据，逐级展开。

（3）进度计划的动态控制，及时掌握与施工进度有关的各种信息，不断将实际进度与计划进度比较，一旦发现进度滞后，及时分析原因，在此基础上制定调整措施，以保证项目最终按预定工期目标实现。

（4）加强施工材料、大型施工机械的组织调配。根据施工综合进度计划，制定材料采购和供应计划，及时组织各种成品及半成品的加工订货，保证材料设备按时进场。

（5）定期进行工程进度分析，总结经验，找出原因，制定措施，协调各生产要素，及时解决各种生产障碍，落实施工准备，创造施工条件，确保施工的顺利进行。

178. 校安工程监理的质量监控措施有哪些？

（1）采用"全过程控制"使项目实施过程始终处于受控状态，正确分解控制目标、设立控制点、实行旁站监理等一系列措施和方法，保证项目实施过程全方位得到有效控制。

（2）加大主动控制在控制过程中的比重，同时进行定期、连续的被动控制。使监理目标得以全面实现。

（3）采用程序化的监理工作方法，使监理工作程序化、规范化，使项目建设有条不紊地进行。

（4）采用巡检和重点检查相结合的监理工作方法，对关键部位实行旁站监理。及时发现施工中出现的质量缺陷和安全隐患，并通过口头提醒、书面备忘、监理通知、暂停施工令等各种形式告知责任人予以纠正，对于工程的难点和重点设置质量控制点，进行重点检查，对于工程的关键部位，如装饰面拆除、钻孔、注浆、钢筋安装、混凝土喷射、试件制作、管路试压、系统试验等实行旁站监理的形式，保证监理控制的有效性和真实性。

(5) 用数据说话，保证监理工作的独立性和准确性。项目监理机构利用自身配备的仪器、工具和设备独立地对工程测量、原材料抽检、混凝土强度、构件尺寸和表面质量、管材壁厚、线径、电气接地、绝缘电阻等进行独立检查，保证检查数据的独立性和准确性。

(6) 运用协调手段，发挥监理的纽带作用。

(7) 运用信息管理手段，对工程实体形成过程进行控制和分析。

179. 中小学校舍加固改造工程竣工验收应当具备哪些条件？

校舍建设单位收到加固改造工程竣工报告后，应依法组织竣工验收。竣工验收应当具备下列条件：

(1) 完成设计和合同约定的各项内容；

(2) 有完整的技术档案和施工管理资料；

(3) 有工程使用的主要建筑材料、建筑构配件和设备的进场试验报告；

(4) 有勘察、设计、施工、工程监理等单位分别签署的质量合格文件；

(5) 有施工单位签署的工程保修书；

(6) 位于洪泛区、蓄滞洪区的学校要有水行政主管部门对其防洪自保设施的验收文件。

校舍加固改造工程经验收合格的，方可交付使用。未经验收或验收不合格的项目不得交付使用。

校舍加固改造工程竣工后，由施工单位依法出具项目保修书。保修期内出现质量问题，由施工单位负责返修。

校舍加固改造工程竣工验收后应依法报当地住房城乡建设主管部门备案。

180. 校安工程的竣工验收有哪些程序？

（1）对具备《建设工程质量管理条例》规定条件的竣工项目，由建设单位组织地质勘探、图纸设计、工程监理、施工单位等部门及项目学校联合进行验收。

（2）建设、施工、监理、设计单位分别书面汇报工程项目建设质量状况、合同履约及执行国家法律、法规和工程建设强制性标准情况。

（3）加固工程竣工验收必须在主体结构分部、建筑节能分部工程验收、消防验收、环境检测合格的基础上进行。由于加固工程工期短，各分部分项工程流水交叉施工，工程的主体结构分部、节能分部等分部工程验收多由监理单位组织参建各方验收。因此，竣工验收时，监理单位、施工单位、设计单位、应对验收情况加以说明，并提供相关资料。

（4）验收内容包括检查工程实体质量、工程建设参与各方提供的竣工资料以及对建筑工程的使用功能进行抽查和试验。

（5）对竣工验收情况进行汇总讨论，并听取质量监督机构对该工程质量监督情况。

（6）形成竣工验收意见，填写《建设工程竣工验收备案表》和《建设工程竣工验收报告》，验收小组人员分别签字、建设单位盖章。

（7）当在验收过程中发现严重问题，达不到竣工验收标准时，验收小组应责成责任单位立即整改，并宣布本次验收无效，重新确定时间组织竣工验收。

(8) 当在竣工验收过程中发现一般需整改质量问题,验收小组可形成初步验收意见,填写有关表格,有关人员签字,但建设单位(项目学校)不加盖公章。验收小组责成有关责任单位整改,可委托建设单位项目负责人组织复查,整改完毕符合要求后,加盖建设单位(项目学校)公章。

(9) 完善资料。验收合格后,收集整理相关资料,为下一步工程结算、审计等环节做好准备。

(10) 竣工验收备案,建设工程竣工验收完毕以后,由建设单位(项目学校)负责,在15天范围内向备案部门办理竣工验收备案。

181. 竣工验收应达到何种标准?

竣工验收标准为国家及省强制性标准,现行质量检验评定标准、施工验收规范、经审查通过的设计文件及有关法律、法规、规章和规范性文件规定。

182. 竣工验收的依据是什么?

(1) 加固工程竣工验收应依据《建筑工程施工质量验收统一标准》(GB 50300—2001)及建筑节能、建筑装饰安装工程等系列验收规范和工程设计图纸要求进行。

(2) 验收组织工作依据《建筑工程施工质量验收统一标准》(GB 50300—2001)第6.0.3条和第6.0.4条要求,由建设单位法人或法人委托代表组织设计、监理、施工、检测等单位(含分包单位)项目负责人和有关方面人员组成验收组。建设单位应当在工程竣工验收7个工作日前,将验收时间、地点、验收组名单报负责监督该工程的工程质量监督机构。

183. 校安工程的竣工验收应由哪方组织进行?

由建设单位(项目学校)负责组织实施建设工程竣工验收

工作，质量监督机构对工程竣工验收实施监督。

184. 校舍安全工程验收有何规定？

（1）校舍加固改造工程竣工后，由施工单位依法出具项目保修书。保修期内出现质量问题，由施工单位负责返修。

（2）校舍加固改造工程竣工验收后应依法报当地住房城乡建设主管部门备案。

（3）地方住房城乡建设主管部门发现校舍加固改造工程建设单位在竣工验收过程中有违反国家有关建设工程质量管理规定行为的，责令停止使用，由建设单位重新组织竣工验收。

185. 校安工程参加质量验收的人员资格有何具体规定？

按照《建筑工程施工质量验收统一标准》（GB 50300—2001）的规定，参加工程质量验收的各方人员应具备规定的资格：

（1）检验批：由监理工程师和项目专业质量检查员验收；

（2）分项工程：由监理工程师和项目专业技术负责人验收；

（3）分部（子分部）工程：总监理工程师主持、分包和总包单位项目经理参加，地基与基础、主体结构分部应有勘察和设计单位项目负责人、总包单位质量技术部门负责人参加；

（4）单位工程：由建设单位主持、总监理工程师、分包单位和总包单位项目经理、设计单位项目负责人、总包单位质量技术部门负责人参加，并请当地质量监督部门负责人，现场监督验收程序是否合法。

186. 参与竣工验收的人员包括哪些？

由建设单位（项目学校）负责组织竣工验收小组。验收组组长由建设单位（项目学校）法人代表或其委托的负责人担任。验收组成员由建设的单位上级主管部门、建设单位项目负责人、建设单位项目现场管理人员及质量监督站、设计、施工、监理单位与项目无直接关系的技术负责人或质量负责人组成，建设单位（项目学校）也可邀请有关专家参加验收小组。验收小组成员中土建及水电安装专业人员应配备齐全。

187. 施工单位对加固工程和建筑节能装饰工程应提供哪些质检评价报告？

（1）装修面层凿除后的结构表面情况，有无严重损坏，对涉及认可不予拆除的部位的说明；

（2）加固用原料，混凝土、砂浆配合比；

（3）钢筋合格证，材料试验报告检验情况；

（4）角钢支撑原材质量和施工安装作法及质量情况；

（5）化学锚栓所用螺栓及化学胶液质量情况；

（6）钢筋隐蔽验收（墙体钢筋边端加强部位、绑扎网格尺寸、保护层厚度、拉筋锚固作法及质量情况）；

（7）墙面喷射混凝土强度试块报告；

（8）墙面砂浆强度试块报告；

（9）化学锚栓拉拔试验报告；

（10）混凝土强度试块报告；

（11）基础混凝土及钢筋生根质量情况说明；

（12）建筑节能原材料检验、施工和装饰工程施工质量情况的说明；

（13）建筑物加固期间沉降观测情况的说明。

188. 监理单位编制的校安工程质量评估报告应包含哪些内容?

监理单位应对所监理工程提出加固工程竣工质量评估报告。报告中应重点对所监理的主体结构屋面加固工程以及节能、装饰和安装工程质量及最后沉降观测情况做出评估,并对节能、装饰、安装工程施工质量强条的执行和主要功能检验、测试情况予以评估,还应对施工单位的装饰安装施工质量和工程质量控制资料、分项工程资料、观感质量进行验收认可、签字和确认单位工程质量等级的结论意见。

（六）质量监督篇

189. 如何从制度管理上严格做好校安工程监督检查工作？

（1）建立工程公示制度。所有学校改造项目，都要将项目负责人、施工队伍名称、设计单位名称、监理监督人员姓名等镌刻于项目标志牌上，便于群众监督。把招（议）标、施工监理、资金管理、竣工验收、预决算审计等列入政务公开之中，接受社会监督。

（2）建立工程进度监测和专项督察制度。中小学校舍安全工程领导小组办公室要对校舍安全工程进展情况进行监测，定期向相关部门上报工程进展情况，及时反映工程实施中出现的情况和问题，并组织专家对校舍安全工程实施情况进行不定期专项督察。

（3）建立健全工程质量监管制度。工程建设坚持先勘察、后设计、再施工的原则，严禁边勘察、边设计、边施工。在工程立项、勘察设计、招（议）标、施工监理、资金管理、竣工验收、预决算审计、档案管理等方面，严格执行国家有关法律法规、部门规章、国家标准、行业标准，接受有关部门监督检查。

（4）建立工程质量与资金管理责任追究制度。改造后的校舍如因选址不当，达不到抗震设防要求或建筑设计和施工质量问题，遇灾垮塌致人伤亡，要依法追究校舍改造期间当地政府主要负责人的责任,建设、评估鉴定、勘察、设计、施工与工程监理单位及相关负责人员对项目依法承担相应责任。对因工作不力、管理不严或违规操作等造成工程安全隐患或事故的,人为因素影响项目进度或延误工期的,挤占、挪用、截留、滞留、套取工程资金的,疏于管理造成国有资产流失以及出现其他重大责任事故的行为,要依法追究有关责任人的责任。

190. 校安工程建设单位办理工程质量监督注册手续应提供哪些资料?

(1) 建设工程质量监督注册申报表;

(2) 施工图设计文件审查报告和批准书;

(3) 中标通知书和施工、监理合同;

(4) 建设单位、施工单位和监理单位工程项目的负责人和机构组成;施工组织设计和监理规划(监理实施细则);

(5) 其他需要的文件资料。

191. 建设单位的安全生产行为监督检查内容有哪些?

(1) 建设单位是否向施工单位提供真实、准确的施工现场及毗邻区域内供水、排水、供电、供气、供热、通信、广播电视等地下管线资料,气象和水文观测资料,相邻建筑物和构筑物、地下工程的有关资料;

(2) 建设单位是否为工程的安全生产提供作业环境和条件,落实安全文明施工措施费用;

(3) 建设单位是否督促施工现场各方发现并消除安全隐患;

(4) 建设单位是否压缩合同约定的工期,是否强行指令施工单位购买或使用不合格的安全防护用具及机械设备。

192. 校安工程开工安全生产条件审查包括哪些内容?

(1) 施工企业安全生产许可证;

(2) 施工企业项目经理、安全员经建设行政主管部门安全生产能力考核合格证;

(3) 施工现场及毗邻区域内供水、排水、供电、供气、供热、通信、广播电视等地下管线资料,气象和水文观测资料,相邻建筑物和构筑物、地下工程的有关资料的交接证明材料;

(4) 建设单位与施工单位明确安全防护、文明施工措施项目总费用,以及费用预付计划、支付计划、使用要求、调整方式等的证明材料;

(5) 建设单位、监理单位、施工单位制定的建设工程项目安全生产责任制度,提供的本单位施工现场安全管理人员名单;

(6) 施工单位结合工程特点编制的、按规定程序审批完毕的有针对性的施工组织设计和专项施工方案;为本工程项目制定的重大危险点源监控措施和安全事故应急救援预案;建立安全生产教育培训、安全技术交底等规章制度和操作规程,签订安全文明施工责任书;

(7) 施工单位依法为从业人员办理意外伤害保险;

(8) 施工现场勘验:有符合《建筑施工现场环境与卫生标准》(JGJ 146—2004)的封闭围挡、工人宿舍、食堂、厕所、办公设施,主要道路进行硬化处理;临时用电符合安全技术规范要求。

193. 监理单位的安全生产行为监督检查内容有哪些?

(1) 监理单位是否将安全生产纳入监理的范围,监理单位是否在监理规划和监理细则中明确工程建设安全监理的目标、任务和实施意见,配备与工程规模相适应的监理人员。

(2) 监理单位是否严格审查施工组织设计、专项施工方案,总、分包单位资质,人员资格等。是否参与确定施工现场重大危险点源,并对重大危险点源施工进行旁站监理,及时发现并督促施工单位消除安全隐患。

(3) 监理工程师是否对发现的建设工程安全隐患下达监理通知书,并对拒不消除安全隐患的行为向建设工程施工安全监督机构举报。

194. 施工单位的安全生产行为监督检查内容有哪些?

(1) 施工单位是否落实安全生产责任制和各项安全生产规章制度、操作规程,建立健全工程项目的安全保证体系;

(2) 施工单位是否建立与承建工程相适应的现场安全管理机构,配备足够的专职安全管理人员;项目经理、安全员应经建设行政主管部门安全管理能力考核合格,持证上岗;

(3) 施工单位是否按照经审核批准的施工组织设计或专项施工方案组织施工;

(4) 施工单位是否组织施工现场开展安全生产活动,按规定定期进行安全检查,并对工人进行安全教育和安全技术交底;

(5) 施工现场作业人员是否至少每年接受一次安全生产培训考核;特种作业人员持《特种作业操作证》上岗;

(6) 施工单位是否制定工程项目施工安全事故应急救援预案,发生事故后,是否按规定向建设行政主管部门及其他有关部门报告;

(7) 施工单位是否在工程开工前,根据施工过程中危险性较大的施工作业点、面确定施工安全的重大危险点源,并制定监控办法。监控办法是否经企业技术负责人审核批准后报监理单位、建设单位审核批准实施。施工单位在工程施工时是否落实重大危险点源的施工策划、监控、检查和验收的实施；

(8) 建筑企业主要负责人、项目负责人、专职安全管理人员是否经建设行政主管部门安全生产能力考核培训，并经考核合格后执证上岗；

(9) 凡是在建设工程施工现场使用的起重机械设备是否在法定检测机构检测合格后 30 日内，持有关资料到建设工程施工安全监督机构进行登记；

(10) 深基坑、大型钢结构吊装、地下暗挖、高大模板等危险性较大的工程的专项施工方案是否按相关规定经专家论证、审查。

195. 工程实体质量监督的重点是什么？

工程实体质量监督的重点是监督检查责任主体执行和落实工程建设强制性标准。

196. 工程实体质量监督主要应包括哪些内容？

(1) 抽查工程技术资料。抽查涉及结构安全和使用功能的主要材料、构配件和设备的出厂合格证、试验报告、见证取样送检资料及结构实体检测报告；

(2) 抽查作业面和关键部位的施工质量；

(3) 对工程技术资料，重点检查其同步性、完整性和真实性；

(4) 基坑、深基坑工程的边坡支护措施；

(5) 抽查现场拌制砂浆、混凝土和预拌混凝土的配合比及计量情况。

197. 质量监督机构的质量管理要点是什么？

（1）工程质量监督机构应委派责任心强、经验丰富的质量监督人员承担工程的质量监督，工程质量监督人员应按照《建设工程质量监督导则》，针对加固工程的特点制定质量监督方案，明确监督重点，加大对工程监督巡查频次。

（2）严格检查工程参建各方责任主体的质量行为，施工、设计、监理主体资质以及有关人员的执业资格，施工、监理单位有关人员到岗、到位情况。

（3）强化隐蔽工程验收，对混凝土墙板或钢筋网片砂浆面层加固应重点检查钢筋埋入地面下长度、顶层钢筋网片收口、门窗洞口边、短墙、穿墙连接钢筋化学植筋的深度（>120mm）、纵横墙交接部位、楼层上下穿板连接筋、预制多孔板上下角钢加固连接、楼梯间、梁下无柱配筋加强带等重点部位钢筋安装是否满足设计和规范要求，图纸注明不清，应参照《中小学校舍抗震加固图集》（09SG619—1）执行。

（4）严格按照《房屋建筑工程和市政基础设施工程竣工验收备案管理暂行办法》的相关规定，对竣工验收的组织形式和程序进行监督，（由建设单位组织勘察、设计、施工、监理等部门在质量监督部门监督下进行验收），对验收合格的加固工程，参加验收的部门和单位应及时在竣工验收报告上签署意见并盖章签字，同时督促建设单位及时办理竣工备案手续。

（5）加强对加固工程所形成的质量控制资料进行核查，确保工程技术资料的真实性、同步性和完整性。

198. 质量监督部门对工程质量抽测的项目包括哪些内容？

（1）承重结构混凝土强度；

(2) 主要受力钢筋位置和混凝土保护层厚度；
(3) 现浇楼板厚度；
(4) 承重砌体的砂浆强度。

199. 质量监督部门对涉及结构安全和使用功能的部位应检查哪些内容？

（1）加固改造工程所使用原材料的品种、性能、型号必须符合设计要求；
（2）钢结构的安装、焊接质量；
（3）建筑物外廊栏杆、室内楼梯栏杆、室外楼梯栏杆及上人屋面防护栏杆安装必须牢固，栏杆高度、间距、安装位置必须符合设计要求；
（4）外墙粘（挂）饰面工程、大型灯具的安装必须牢固；
（5）屋面、外墙和厕所、浴室等不得有渗漏现象；
（6）抽查结构加固改造工程主要受力构件的施工质量，保证新增构件与原结构连接可靠，新增截面与原截面必须粘结牢固，二者形成整体，并共同工作。

200. 对检测机构质量行为监督检查包括哪些内容？

（1）在检测资质范围内开展检测工作；
（2）严格执行国家、省、市有关检测规定；
（3）建立各项制度，落实责任制，检测报告规范、准确、真实；
（4）在检测中发现不合格试验项目时，及时上报监督机构；
（5）建立检测试验不合格台账。

201. 对监理单位质量行为监督检查包括哪些内容？

（1）在资质等级许可的范围内承揽工程，不得转让工程监理业务，监理人员的从业资格应符合规定；

（2）建立专业人员配套齐全的项目监理部，健全规章制度；

（3）制定完整的《监理规划》，按有关规定编制《监理细则》，执行工程例会制度，有完整的会议纪要；

（4）认真执行原材料、构配件和设备的进场验收和见证取样送检制度；

（5）按照《建设工程监理规范》和《房屋建筑工程旁站监理管理办法(暂行)》的要求，采取旁站、巡视和平行检验等方式检查工程质量，并实施隐蔽工程验收签字制度；

（6）组织检验批、分项、分部工程的质量验收和单位工程预验收，并据实签字；

（7）发现工程施工中使用不合格材料、设备或发生质量事故时，及时采取监理措施，并按规定程序上报；

（8）监理档案应真实、齐全。

202. 对校安工程出现的质量问题和事故处理的监督包括哪些内容？

（1）发现一般性问题，未影响结构安全、环境质量和主要使用功能的，监督人员做好记录，由建设、监理单位监督整改；

（2）发现较严重质量问题，有可能对结构安全、耐久性、环境质量和主要使用功能产生不良影响的，签发《建设工程质量整改通知书》，限期整改。由建设、监理单位负责人对施工单位的整改情况进行检查验收，并将《建设工程质量整改报告》报监督机构备案。监督人员可视情况对整改结果进行复查；

（3）发现危及结构安全和环境质量的重大质量问题时，

监督人员签发《建设工程质量局部停工通知书》，由责任单位提出《工程质量问题整改方案》，经建设、勘察、设计、监理等单位同意后，报监督机构备案。整改完毕后，由建设单位组织勘察设计、监理及施工单位相关人员对工程处理情况进行验收，监督人员对整改结果进行复查，经复查符合要求的，签发《建设工程复工通知书》；

(4) 如遇重大质量事故，应按相关规定程序执行；

(5) 对违反法律、法规和工程技术强制性标准，依法应当实施行政处罚的，监督机构提出处罚建议，由建设行政主管部门实施行政处罚。并记入工程建设责任主体质量行为不良记录。

文件汇编

国务院办公厅关于印发全国中小学校舍安全工程实施方案的通知

国办发〔2009〕34号

各省、自治区、直辖市人民政府，国务院各部门、各直属机构：

《全国中小学校舍安全工程实施方案》已经国务院同意，现印发给你们，请认真贯彻执行。

校舍安全直接关系广大师生的生命安全，关系社会和谐稳定。国务院决定实施全国中小学校舍安全工程。要突出重点，分步实施，经过一段时间的努力，将学校建成最安全、家长最放心的地方。各级政府和各有关部门要充分认识实施这项工程的重大意义，切实加强组织领导，建立高效的工作机制，扎实推进工程实施。要借鉴1976年唐山地震后实施的建筑设施抗震加固、近年来一些地区实施抗震安居工程、提高综合防灾能力的经验，发挥专业部门技术支撑优势，科学制订校舍安全标准，深入细致进行校舍排查鉴定，依法依规拟定工程规划和具体实施方案，精心做好技术指导，严格落实施工管理和监管责任，确保工程质量。各地要加大投入力度，列入财政预算，确保资金及时到位，规范资金管理，确保资金使用效益，防止学校出现新的债务。要加强宣传引导，营造工程实施的良好社会氛围。各级政府和各有关部门要切实履行职责，真正把校舍安全工程建成"阳光工程"、"放心工程"。

国务院办公厅
二〇〇九年四月八日

全国中小学校舍安全工程实施方案

为保证全国中小学校舍安全工程(以下简称校舍安全工程)顺利实施,保障师生生命安全,借鉴唐山地震后建筑设施抗震加固及近年来一些地区实施抗震安居工程、提高综合防灾能力的经验,特制定本方案。

一、背景和意义

2001年以来,国务院统一部署实施了农村中小学危房改造、西部地区农村寄宿制学校建设和中西部农村初中校舍改造等工程,提高了农村校舍质量,农村中小学校面貌有很大改善。但目前一些地区中小学校舍有相当部分达不到抗震设防和其他防灾要求,C级和D级危房仍较多存在;尤其是上世纪90年代以前和"普九"早期建设的校舍,问题更为突出;已经修缮改造的校舍,仍有一部分不符合抗震设防等防灾标准和设计规范。在全国范围实施中小学校舍安全工程,全面改善中小学校舍安全状况,直接关系广大师生的生命安全,关系社会和谐稳定。

二、目标和任务

在全国中小学校开展抗震加固、提高综合防灾能力建设,使学校校舍达到重点设防类抗震设防标准,并符合对山体滑坡、崩塌、泥石流、地面塌陷和洪水、台风、火灾、雷击等灾害的防灾避险安全要求。

工程的主要任务是:从2009年开始,用三年时间,对地震重点监视防御区、七度以上地震高烈度区、洪涝灾害易发地区、山体滑坡和泥石流等地质灾害易发地区的各级各类城乡中小学存在安全隐患的校舍进行抗震加固、迁移避险，提高综合防灾能力。其他地区，按抗震加固、综合防灾的要求，集中重建整体出现险情的D级危房、改造加固局部出现险情的C级校舍，消除安全隐患。

三、工程实施范围和主要环节

校舍安全工程覆盖全国城市和农村、公立和民办、教育系统和非教育系统的所有中小学。

（一）对中小学校舍进行全面排查鉴定。各地人民政府组织对本行政区域内各级各类中小学现有校舍（不含在建项目）进行逐栋排查，按照抗震设防和有关防灾要求，形成对每一座建筑的鉴定报告，建立校舍安全档案。2008年5月以后已经排查并形成鉴定报告的校舍，可不再重新鉴定。

（二）科学制定校舍安全工程实施规划和方案。根据排查、鉴定结果，结合中小学布局结构调整和正在实施的、农村寄宿制学校建设、中西部农村初中校舍改造等专项工程，科学制定校舍安全工作总体规划和具体的实施计划与方案。

（三）区别情况，分类、分步实施校舍安全工程。对通过维修加固可以达到抗震设防标准的校舍，按照重点设防类抗震设防标准改造加固；对经鉴定不符合要求、不具备维修加固条件的校舍，按重点设防类抗震设防标准和建设工程强制性标准重建；对严重地质灾害易发地区的校舍进行地质灾害危险性评估并实行避险迁移；对根据学校布局规划确应废弃的危房校舍可不再改造，但必须确保拆除，不再使用；完善校舍防火、防雷等综合防灾标准，并严格执行。

新建校舍必须按照重点设防类抗震设防标准进行建设，

校址选择应符合工程建设强制性标准和国家有关部门发布的《汶川地震灾后重建学校规划建筑设计导则》规定,并避开有隐患的淤地坝、蓄水池、尾矿库、储灰库等建筑物下游易致灾区。

四、工作机制

校舍安全工程实行国务院统一领导,省级政府统一组织,市、县级政府负责实施,充分发挥专业部门作用的领导和管理体制。

国务院成立全国中小学校舍安全工程领导小组,统一领导和部署校舍安全工程。发展改革、教育、公安(消防)、监察、财政、国土资源、住房城乡建设、水利、审计、安全监管、地震等部门参加领导小组。

领导小组办公室设在教育部,由领导小组部分成员单位派员组成,集中办公。办公室设若干专业组,由有关部门司局级干部担任组长,具体负责:组织拟订校舍安全工程的工作目标、政策;按照目标管理的要求,整合与中小学校舍安全有关的各项工程及资金渠道,统筹提出中央资金安排方案;结合抗震设防和综合防灾要求,综合衔接选址避险、建筑防火等各种防灾标准,组织制订校舍安全技术标准、建设规范和排查鉴定、加固改造工作指南;明确有关部门在校舍安全工程中的职责,将中小学校舍建设按照基本建设程序和工程建设程序管理;制订和检查校舍安全工程实施进度;设立举报电话,协调查处重点案件;协调各地各部门支持重点地区的校舍安全工程,协调处理跨地区跨部门重要事项;编发简报,推广先进经验,报告工作进展。

各省(区、市)成立中小学校舍安全工程领导小组,统一组织和协调本地区校舍安全工程的实施,并在相关部门设立办公室。办公室负责制订并组织落实工程规划、实施方案和配套政策,统筹安排工程资金,组织编制和审定各市、县校舍加固改造、避险迁移和综合防灾方案;落实对校舍改造建设收费有关减免政策;按照项目管理的要求,监督检查工程质量和进度。

省级人民政府要组织国土资源、住房城乡建设、水利、地震等部门为本行政区域内各市县提供地震重点监视防御区、七度以上地震高烈度区及地震断裂带和地震多发区、洪涝灾害易发区及其他地质灾害分布情况提出安全性评估和建议。市县专业力量不足的,省级政府要组织勘察设计单位、检测鉴定机构和技术专家,帮助市县进行校舍地质勘察和建筑检测鉴定。

市、县级人民政府负责校舍安全工程的具体实施,对本地的校舍安全负总责,主要负责人负直接责任。要在上级政府和有关部门的指导下,统一组织对校舍的逐栋排查和检测鉴定,审核每一栋校舍的加固改造、避险迁移和综合防灾方案,具体组织工程实施,落实施工管理和监管责任,按进度、按标准组织验收,建立健全所有中小学校、所有校舍的安全档案。市级人民政府要统筹协调本地区各县勘察鉴定和设计、施工、监理力量,加强组织调度,规范工程实施,严格工程质量安全管理。

五、资金安排和管理

资金安排实行省级统筹,市县负责,中央财政补助。中央在整合目前与中小学校舍安全有关的资金基础上,2009年新增专项资金80亿元,重点支持中西部地震重点监视防御区及其他地质灾害易发区,具体办法由全国中小学校舍安全工程领导小组研究制订。各省(区、市)工程资金由省级人民政府负责统筹安排。各地要切实加大对校舍安全工程的投入,列入财政预算,确保资金及时到位,防止学校出现新的债务。鼓励社会各界捐资捐物支持校舍安全工程。

民办、外资、企(事)业办中小学的校舍安全改造由投资方和本单位负责,当地政府给予指导、支持并实施监管。

四川、陕西、甘肃省地震灾区的校舍安全工程纳入当地灾后恢复重建规划,统一实施。

健全工程资金管理制度,工程资金实行分账核算,专款专用,不能顶替原有投入,更不得用于偿还过去拖欠的工程款和其他债务。资金拨付按照财政国库管理制度有关规定执行。严格杜绝挤占、挪用、克扣、截留、套取工程专款。保证按工程进度拨款,不得拖欠工程款。校舍安全工程建设执行《国务院办公厅转发教育部等部门关于进一步做好农村寄宿制学校建设工程实施工作若干意见的通知》(国办发[2005]44号)有关减免行政事业性和经营服务性收费等优惠政策。

六、监督检查和责任追究

全国中小学校舍安全工程领导小组和地方各级人民政府要加强对工程建设的检查监督,对工程实施情况组织督查与评估。校舍安全工程全过程接受社会监督,技术标准、实施方案、工程进展和实施结果等向社会公布,所有项目公开招投标,建设和验收接受新闻媒体和社会监督。

建立健全校舍安全工程质量与资金管理责任追究制度。对发生因学校危房倒塌和其他因防范不力造成安全事故导致师生伤亡的地区,要依法追究当地政府主要负责人的责任。改造后的校舍如因选址不当或建筑质量问题遇灾垮塌致人伤亡，要依法追究校舍改造期间当地政府主要负责人的责任；建设、评估鉴定、勘察、设计、施工与工程监理单位及相关负责人员对项目依法承担责任。要对资金使用情况实行跟踪监督。对挤占、挪用、克扣、截留、套取工程专项资金、违规乱收费或减少本地政府投入以及疏于管理影响工程目标实现的，要依法追究相关负责人的责任。

教育部等 11 部门关于印发《全国中小学校舍安全工程实施细则》等三个配套文件的通知

教财〔2009〕14号

各省、自治区、直辖市及新疆生产建设兵团教育厅（委、局）、发展改革委、公安厅（局）、监察厅（局）、财政厅（局）、国土资源厅（国土环境资源厅、国土资源局、国土资源和房屋管理局、规划和国土资源管理局）、住房城乡建设厅（局、建委）、水利（水务）厅（局）、审计厅（局）、安全监管局、地震局：

根据《国务院办公厅关于印发全国中小学校舍安全工程实施方案的通知》（国办发〔2009〕34号）精神，为进一步加强对全国中小学校舍安全工程的管理，确保工程质量、安全、进度和效益，现将《全国中小学校舍安全工程实施细则》、《全国中小学校舍安全工程监督检查办法》、《全国中小学校舍安全工程技术指南》等三个配套文件印发给你们，请遵照执行。

  附件：1. 全国中小学校舍安全工程实施细则
     2. 全国中小学校舍安全工程监督检查办法
     3. 全国中小学校舍安全工程技术指南

教育部　国家发展改革委　公安部　监察部
财政部　国土资源部　住房城乡建设部　水利部
　　　审计署　安全监管总局　地震局
　　　二〇〇九年六月二十四日

附件1

全国中小学校舍安全工程实施细则

第一章 总 则

第一条 为加强对全国中小学校舍安全工程(以下简称"工程")的管理,确保工程质量、安全、进度和效益,依照国家有关法律法规、标准规范和《全国中小学校舍安全工程实施方案》,特制定本细则。

第二条 本细则适用于对"工程"实施的全过程管理。

第三条 本细则所称项目,是指每个单体建筑物,包括学校的教学及教学辅助用房、生活用房和办公用房。

第二章 管理体制和职责分工

第四条 "工程"实行国务院统一领导,省级政府统一组织,市(地区、州、盟,下同)、县(市、区、旗、场,下同)级政府负责实施的领导和管理体制。中央对省、自治区、直辖市人民政府和新疆生产建设兵团(以下统称省)实行目标管理,地方实行严格的项目管理。

国务院成立全国中小学校舍安全工程领导小组,统一领导和部署"工程"实施。发展改革、教育、公安、监察、财政、国土资源、住房城乡建设、水利、审计、安全监管、地震等部门参加领导小组。领导小组办公室(以下简称"校舍安全工程办")设在教育部,由领导小组成员单位派员组成,集中办公,负责"工程"实施的日常管理工作。

各地应当加强对"工程"的组织领导,成立专门机构,建立相应制度,配备精干人员集中办公,确保"工程"顺利实施。

第五条 各省人民政府统筹组织本地"工程"的实施。具体职责包括:

(一)统一组织校舍安全排查鉴定。制订校舍安全排查鉴定实施方案;组织公安、国土资源、住房城乡建设、水利、地震等部门,提供地震灾害和其他灾害的分布情况,提出安全性评估报告与建议;统筹协调本地区专业机构和技术力量,指导和帮助市、县进行校舍安全排查鉴定,建立健全校舍安全档案。

(二)统筹制订"工程"规划。根据排查鉴定结果以及相关标准,结合本省教育事业发展规划,统筹配置省内教育资源,制订"工程"总体规划、年度实施计划和每一栋建筑的加固改造方案,由省级人民政府报中央有关部委备案。

(三)统筹落实"工程"专项资金。制订本省各级政府"工程"资金的分担机制和落实办法,切实加大省级投入力度,统筹落实"工程"排查鉴定经费、前期工作经费和项目建设资金;统筹安排项目县资金额度;建立、健全省级"工程"资金管理机制,及时、足额下达"工程"资金,加强对资金使用与管理的监督检查。

(四)统筹协调落实有关政策。加强对有关部门的组织协调,督促各部门严格履行职责,严格执行有关政策,落实对"工程"建设收费的有关减免政策,保证"工程"建设用地。

（五）健全工作机制。制订本省"工程"实施方案、项目管理办法等规章制度；与各市、县签订责任书；组织有关部门对"工程"项目实施情况联合进行检查和评估，对未按计划完成任务的市、县进行问责；组织专业技术力量，加强对市、县"工程"实施的指导与帮助；做好项目信息收集、公开及报送工作；按规定标准建立中小学校舍信息管理系统；定期报告"工程"实施情况，年终报送全年"工程"实施情况总结。

第六条 市、县级人民政府和项目学校负责校舍安全工程的具体实施，对本地的校舍安全负总责，主要负责人负直接责任。

（一）市级人民政府应当结合本地实际，统筹考虑辖区内各县经济实力以及鉴定、勘察、设计、施工、监理等技术力量，加强组织协调，规范"工程"实施。主要职责包括：指导、帮助各县开展校舍安全排查鉴定工作；指导、审核各县制订的"工程"总体规划、年度实施计划和每一栋建筑的改造方案；及时、足额落实本级政府应承担的"工程"资金；监督"工程"专项资金管理和使用情况；检查、督促"工程"进度和工程质量；定期向上级报告"工程"实施情况。

（二）县级人民政府全面负责"工程"的实施和管理。主要职责包括：组织对辖区内校舍进行逐一排查鉴定，建立健全本县中小学校舍安全档案；结合本县中小学布局调整规划，制订本县"工程"总体规划、年度实施计划和每一栋建筑的加固改造方案；足额落实本级政府应承担的"工程"资金；按有关规定减免"工程"建设收费；组织项目前期论证、招投标、勘察、设计、施工、监理、竣工验收、办理基建财务决算等环节工作；建立健全监督检查制度，加强对项目学校管理人员的培训，保证"工程"进度和质量；保证"工程"建设用地；对学校项目建设期间校舍的使用、管理和安全进行监督检查，及时更新中小学校舍信息管理系统；定期向上级报告"工程"进展情况。

（三）学校负责配合实施校舍安全排查鉴定，及时发现、报告校舍险情、隐患；指定专人协助做好工程监督管理；做好施工期间安全教育工作，妥善处理好学生在校就学和生活问题，保证师生安全；参与工程竣工验收；定期报告"工程"进展情况。

第七条 各级有关部门共同参与"工程"的组织实施。

（一）教育部门应当切实把"工程"实施作为教育工作的重点，会同发展改革、财政、住房城乡建设、公安、国土资源、水利、地震等有关部门做好"工程"规划工作；加强组织协调，负责"工程"实施、监管和督促检查。

（二）发展改革部门应当把"工程"纳入国民经济和社会发展计划，切实加大投入；加强项目监管；制订和完善相关政策，为"工程"提供政策支持。

（三）财政部门应当充分发挥公共财政职能，落实好财政预算内应承担的"工程"资金；加强资金监管，提高使用效益。

（四）住房城乡建设部门应当在标准制订、工程勘察、设计、校舍鉴定、改造方案制订和工程质量等方面加强指导和监管，督促各方责任主体执行相关标准。

（五）公安、国土资源、水利、地震等部门应当发挥专业指导、监督作用，为"工程"实施提供相应的技术支持。

（六）监察、审计、安全监管等部门在各自职责范围内，依法对"工程"实施工作进行监督。

第八条 "工程"管理实行目标责任制。各省、市、县人民政府应当层层签订责任书,明确"工程"目标、任务和责任,任务到单位,责任到人员。

第九条 建立信息报告制度。全国"校舍安全工程办"定期编发工作简报,通报工作进展情况,宣传好的经验与做法,反映普遍性问题,加强对各地"工程"实施工作的指导。各省、市、县"校舍安全工程办"定期以工作简报、进展情况报表、信息员报告等形式逐级上报本地"工程"实施情况。各地工作简报每月至少编发一期;"工程"进展情况每月报告一次;每个县确定一名"工程"信息员,由全国"校舍安全工程办"统一颁发聘书。

第三章 工程实施

第十条 "工程"实施分以下三个主要阶段:一是全面排查鉴定;二是制订"工程"总体规划、年度实施计划和每一栋建筑的改造方案;三是分类进行加固、重建和避险迁移。各地要严格按照以上程序,分步实施,不得随意更改或简化。

第十一条 地方各级人民政府组织对辖区内各级各类中小学现有校舍安全状况进行逐校逐栋排查鉴定。

(一)组织领导。省级人民政府负责本省校舍安全排查鉴定工作的组织领导。市、县级人民政府及有关部门负责组织专业力量对本地校舍进行排查鉴定;市、县鉴定力量不足的,省级人民政府应当组织专业力量予以帮助。

(二)主要环节。

1. 排查。各地组织相关部门和专业技术力量对本地中小学校舍安全状况进行逐栋排查，出具校舍安全排查报告；

2. 鉴定。各地根据排查结果，组织具备相应资质的机构进行逐栋鉴定，出具具有法律效力的鉴定报告；

3. 建档。各地依据排查鉴定情况逐栋建立安全档案，并纳入全国中小学校舍信息管理系统，全面反映中小学校舍安全基本情况。

（三）依据。严格按照《建筑抗震鉴定标准》、《建筑结构检测技术标准》、《民用建筑可靠性鉴定标准》、《建筑工程抗震设防分类标准》、《建筑抗震设计规范》、《防洪标准》、《堰塞湖风险等级划分标准》等国家有关标准规范及专业规划，进行校舍结构可靠性、抗震能力、综合防灾能力等方面的排查和鉴定。

（四）要求。使学校校舍达到重点设防类抗震设防标准，并符合对山体滑坡、崩塌、泥石流、地面塌陷和洪水、台风、火灾、雷击等灾害的防灾避险安全要求。

（五）按照轻重缓急，优先鉴定地震重点监视防御区、七度以上（含七度）地震高烈度区（以下简称"两区"）和其他灾害易发区校舍以及经初步排查认定为危房的校舍。

第十二条 根据校舍安全鉴定报告，制订每个项目的加固改造方案，对存在安全隐患的校舍进行加固改造、拆除重建或避险迁移。

（一）对严重地质灾害和洪涝易发地区以及病险库、淤地坝、堰塞湖、蓄水池、尾矿坝、储灰库威胁的校舍，根据灾害危险性评估报告进行避险迁移。

（二）对通过加固可以达到抗震及其他防灾设防标准且原则具备以下条件的校舍，应当按照有关标准进行加固改造。

1. 已按照抗震及其他防灾设计规范进行设计；
2. 按基本建设程序进行建设、建设档案基本齐备；
3. 加固改造费用不超过新建同类建筑物费用的70%。

（三）对经鉴定不符合安全要求，不具备加固改造条件的，应当予以拆除。对经鉴定需进行加固改造同时不具备前款第3条的校舍，原则上予以拆除；对经鉴定需进行加固改造同时不具备前款第1、2条的校舍，应当进行技术经济论证，确定是否需要拆除。确定拆除重建的校舍，必须按照基本建设程序进行建设。

第十三条 各地根据排查鉴定结果和项目改造方案，按以下主要原则制订"工程"总体规划。

（一）科学规划，合理布局。要综合考虑城镇化发展、人口变化等因素，紧密结合区域内教育事业发展规划、中小学布局调整规划和校园规划，科学制订"工程"总体规划。

（二）远近结合，分步实施。各地应当将近期加固改造目标和长远事业发展目标有机结合起来，通过实施"工程"确保校舍安全。

（三）"两区"为主，突出重点。各地应当结合当地实际，分清轻重缓急，相对集中使用资金，重点做好"两区"及其他灾害易发区的"工程"规划，优先支持农村地区，优先改造义务教育学校，确保取得阶段性成效。

（四）抗震为主，综合防灾。在重点考虑抗震加固的同时，结合山体滑坡、崩塌、泥石流、地面塌陷和洪水、台风、火灾、雷击等其他灾害以及病险库、淤地坝、堰塞湖、蓄水池、尾矿坝或储灰库威胁的综合防灾避险安全要求，相应加强学校综合防灾能力，做好应急预案，把学校建成最安全、家长最放心的地方。按照当地综合防灾规划，优先考虑将中小学建成应急避难场所。

第十四条 "工程"实行项目管理。项目建设按照有关法律法规和行业标准规范,严格执行建设程序,始终把工程质量摆在首要位置,坚持先勘察、后设计、再施工、竣工验收合格后使用的原则,不得简化程序。应当执行项目法人责任制、招标投标制、工程监理制和合同管理制,做到公平、公正、公开、透明。

重建、迁建项目应当严格按照基本建设程序管理,按规定完成可行性研究等项目前期工作。加固项目的工程量达到一定额度,应当视为房屋建筑建设工程,执行基本建设程序,依法办理工程质量安全监督手续,取得施工许可。

第十五条 "工程"项目勘察、设计、施工、监理单位必须依法采取招标的方式确定。招标工作由建设单位组织实施,同级"校舍安全工程办"派员参与监督、指导。承担鉴定、勘察、设计、施工、监理等任务的单位,须具有相应的资质或资格。加固项目优先选择专业加固企业或有加固经验的企业。

当校舍原设计单位具备相应资质时,可优先选择原设计单位承担鉴定工作;当校舍鉴定单位具备相应设计资质时,可优先选择鉴定单位承担加固设计工作。

建设单位不得将"工程"分解发包,施工单位不得转包或者违法分包工程,工程监理单位不得转让工程监理业务。

第十六条 重建或迁建项目选址必须坚持科学慎重的原则,应当选在交通方便、位置适中、地形开阔、地势较高、排水通畅、场地干燥、地质条件较好、空气新鲜、阳光充足、环境适宜、远离污染源的平坦地段,并避开地震危险地段、泥石流易发地段、滑坡体、悬崖边及崖底、风口、行洪区、洪水沟口、雷电重灾区等自然灾害频发地段和病险库、淤地坝、堰塞湖、蓄水池、尾矿坝、储灰库等下游易致灾区；不宜与集贸市场，娱乐场所，生产、经营、贮藏易燃易爆物品的场所，物理、化学污染源地段以及输气管道和高压走廊等不利于学生学习、身心健康和危及学生安全的场所毗邻。应当组织专家对项目选址的周边地质、交通、环境等主要条件进行科学评测，并出具评估报告。

第十七条 重建、迁建项目设计应当坚持"安全牢固、功能齐备、方便实用、科学合理"的原则，严格执行《建筑工程抗震设防分类标准》、《建筑抗震设计规范》、《防洪标准》、《蓄滞洪区建筑工程技术规范》、《堰塞湖风险等级划分标准》等标准规范，对台风威胁区还应执行有关防风技术文件的要求，满足抗震设防和其他综合防灾要求，满足教育教学需要，同时符合国家有关建筑节能、环保、消防规定。

加固项目应当根据校舍安全鉴定报告和具体改造方案，按照《建筑抗震加固技术规程》等国家相关法规、规范进行加固设计，提高房屋结构的承载能力、抗震能力、综合防灾能力，达到国家规定标准。

施工图设计文件应当依法委托由住房城乡建设部门认定的施工图审查机构进行施工图审查，未经审查合格不得使用。

第十八条 施工单位依法对项目施工质量、施工安全负责。施工单位必须严格按照审查合格的工程设计图纸和施工技术标准组织施工，执行国家有关施工规范、施工操作规程、质量标准和安全规则，确保工程质量达到合格标准，确保建设项目达到设计的合理使用年限。坚决杜绝出现重大安全事故或工程质量问题。

如遇突发情况需变更施工设计图纸，须征询设计单位的意见，并由设计单位出具变更通知书，方可按变更后的图纸进行施工。当涉及工程建设强制性标准以及地基基础或主体结构的安全性时，应当将修改后的施工图送原审查机构审查。

项目竣工后，依法由施工单位出具项目保修书，按相关规定预留一定比例的保修金。在保修范围和保修期限内发生质量问题的，施工单位应当履行保修义务，并对造成的损失承担赔偿责任。

第十九条 建设项目实行监理制。"工程"监理单位应当依照法律法规和有关技术标准、设计文件以及建设工程承包合同，代表建设单位对"工程"实施全过程监理，并对施工质量、施工安全承担监理责任。项目县可选派从事过建筑施工管理、责任心强的人员，或聘用专业工程技术人员，经县级"校舍安全工程办"确认并培训后，协同监理单位实施现场全过程监督。

工程监理人员应当按照工程监理规范的要求，采取旁站、巡视和平行检验等形式对工程实施监理。自项目开工之日起，保证每天在施工现场，严格检查入场建筑材料质量和施工工序、工艺、方法、进度、质量、安全等各个环节，详细记录监理日志，如实向县级"校舍安全工程办"报告情况。

项目施工中每道工序，均应由施工单位在做好自检及隐蔽工程记录的同时提出验收申请，由工程监理人员进行现场验收。上道工序验收合格方可转入下道工序施工。

第二十条 "工程"项目竣工验收应具备《建设工程质量管理条例》规定的条件，并由建设单位按规定组织勘察、设计、施工、监理等部门和单位及项目学校联合进行。参加验收的部门和单位应当在竣工验收单上签署意见并盖章签字，按相关规定进行竣工备案；未经验收或验收不合格的项目不得交付使用。竣工验收后，按规定组织竣工决算审计，按审计结果办理工程结算、基建财务决算和固定资产移交手续。

位于洪泛区、蓄滞洪区的学校其防洪自保设施应通过水行政主管部门验收。

第二十一条 项目实施期间应当按照《建设工程文件归档整理规范》及时积累、保管好建设工程文件档案资料及建设前后的图片和文字材料；竣工后，及时向建设单位和有关部门移交。

第四章 工程资金

第二十二条 "工程"专项资金实行省级统筹，市、县负责，多渠道筹措，中央财政补助。各地应当切实加大对中小学校舍安全建设的投入力度，列入财政预算，确保资金及时、足额到位，并防止学校产生新的债务。

鼓励社会各界捐资捐物支持校舍安全工程。

民办、外资、企(事)业办中小学的校舍安全改造由投资方和本单位负责，当地政府给予指导、支持并实施监管。

第二十三条 "工程"专项资金应当根据"工程"总体规划和年度实施计划，严格按照"统筹安排，突出重点，集中投入"的原则，专款专用，保证效益。中央资金和地方资金分别建设不同的项目学校，确保改造一所、安全达标一所。

第二十四条 中央专项资金主要用于"两区"和其他灾

害易发区，重点支持义务教育尤其是农村义务教育学校。

中央专项资金下达后30个工作日内，各省要将资金安排落实到项目的情况报教育部、国家发展改革委、财政部、住房城乡建设部备案。

第二十五条 "工程"专项资金应当与农村中小学校舍维修改造长效机制以及其他专项工程资金相互衔接，统筹安排，避免重复。

第二十六条 各级财政对"工程"专项资金实行分账核算、专款专用。严禁克扣、截留、挤占、挪用、套取"工程"专款，不能顶替原有投入，不得用于偿还过去拖欠的工程款和其他债务。资金支付按照财政国库管理制度有关规定执行。

第二十七条 实行按工程进度拨款制度，保证工程需要。

第二十八条 实行工程预决算制度，严格控制工程建设成本，提高投资效益。

"工程"建设应尽量使用存量建设用地，严格控制占用耕地，确需使用新增建设用地的，须按规定办理有关手续。迁建校舍等教育用地使用国有建设用地的，由市、县人民政府以划拨方式提供土地使用权。

第二十九条 "工程"建设执行《国务院办公厅转发教育部等部门关于进一步做好农村寄宿制学校建设工程实施工作若干意见的通知》（国办发[2005]44号)有关减免行政事业性和经营服务性收费等优惠政策。

"工程"建设过程中涉及的行政事业性收费和政府性基金，均应予以免收；涉及的经营服务性收费，在服务双方协商的基础上，提倡各有关单位适当予以减收或免收；鼓励企业以提供免费服务的形式,通过非营利的社会团体和国家机关向"工程"进行捐赠,这部分捐赠在年度利润总额12%以内的部分,准予在计算应缴纳企业所得税的所得额中扣除。对表现优秀的企业和个人,可给予适当奖励和表彰。

各地应当切实加大对"工程"收费的监督检查力度,严禁收取国家明令取消的行政事业性收费和政府性基金,对自立项目、超标准收费等乱收费行为,应当依法予以查处。

第三十条 建立"工程"资金专项审计制度。各级审计机关应当加大对"工程"专项资金使用的监督检查力度,将"工程"资金的使用和管理列为监督检查的重点。项目学校单体建筑完工后,由当地审计机关或聘请符合资质的审计机构进行专项审计,在交付使用前必须提交审计报告。有条件的地方应当开展建设项目全过程跟踪审计。

第五章 监督检查和责任追究

第三十一条 建立"工程"监督检查机制。实行国家重点督察、省市定期巡查、县级经常自查,一级抓一级,一直落实到"工程"的每个具体项目。

全国"校舍安全工程办"根据国务院要求和工作进展情况,对各地"工程"实施进行专项检查。

各省"校舍安全工程办"每年组织有关部门对"工程"实施情况进行专项检查。按照"相对固定、分片包干"的办法,自2009年至2011年,指定一定数量的工作人员或专家,对每个项目县的"工程"实施工作进行全过程指导和监督。

各市"校舍安全工程办"成立专门的专家督查小组,配合政府有关部门定期巡查各项目县"工程"实施情况,现场办公,指导、帮助、督促各县解决"工程"实施过程中的实际困难。

各县"校舍安全工程办"应当确定专人负责监督检查工作,深入施工现场,对"工程"的实施情况进行经常性检查,及时对存在安全隐患的项目进行整改,坚决杜绝"豆腐渣工程"和重大安全事故。

第三十二条 建立"工程"评估机制。全国"校舍安全工程办"在"工程"实施期中和期末阶段,对各地"工程"目标责任履行、质量管理、专项资金的落实与管理、工作积极性和工程实施成效等情况进行评估。对存在问题的省份予以通报,并提出针对性的改进意见和建议;对屡次评估不合格的省份,适当调减其下一年度中央专项资金安排额度。对切实重视"工程"、努力增加投入、工程实施效果显著的省份,给予奖励性支持。

地方各级政府应当对下一级政府履行工程目标责任、工程质量管理、专项资金管理使用等情况作出评估,建立奖惩机制。根据评估结果,对未能切实履行有关责任的,限期纠正,必要时暂停拨付专项经费;将"工程"实施情况作为领导干部年度考核的重要内容。

第三十三条 建立校舍安全责任追究制度。明确地方各级人民政府主要领导是校舍安全第一责任人,对本辖区校舍安全工作负领导责任;分管校舍安全工作的负责人是直接责任人;其他负责人对其分管工作涉及的校舍安全工作负管理责任。强化"工程"安全责任制,实行项目县党政负责人分片包干,将工作责任落实到具体单位和个人。

监察机关依照《行政监察法》的规定,对校舍安全管理中的问题进行监察。对改造后的校舍,如因选址不当或建筑质量问题影响防灾能力致人伤亡的,或者忽视校舍安全隐患、不履行改造职责造成校舍安全事故的,要严肃追究责任人的责任。

建设、勘察、设计、施工及监理单位和相关负责人员对项目依法承担相应责任。

第三十四条 建立"工程"专项资金管理责任追究制度。各级监察、审计和财政等部门应当严格执行《财政违法行为处罚处分条例》,严肃查处挤占、挪用、截留"工程"专项资金或减少本地政府投入、套取中央专项资金的行为以及疏于管理造成国有资产流失等其他违规违纪行为,要依法追究相关负责人的责任。

第三十五条 建立"工程"项目公示制度。各级"校舍安全工程办"应当遵循合法、公正、公开、及时、便民的原则,通过媒体等多种方式和渠道,向社会公布"工程"的技术标准、实施方案、规划、年度计划、工程进展和实施结果,设置专线举报电话、公众意见箱以及网站留言专栏,保证公众意见反馈渠道畅通,自觉接受舆论监督和社会监督。地方各级人民政府每年应当向同级人大、政协报告"工程"实施情况,主动接受法律监督和民主监督。工程验收可吸收当地媒体、学生及家长代表参加,努力建设"阳光工程"。

项目施工现场应当设置公示牌。前期准备阶段,公示项目名称、建设地点、建设内容、开工日期、预计完工日期、项目资金来源和额度、校舍安全鉴定结论、监督投诉电话以及建设、鉴定、设计、施工、监理等单位的名称、资质和责任人等情况;施工阶段,公示内容增加资金到位和使用情况、工程形象进度等动态进展;竣工验收后,公示验收单位、验收结果和交付使用日期。

加固改造、重建和避险迁移项目竣工时均应当在单体建筑醒目位置设置永久性标牌,统一注明"全国中小学校舍安全工程项目"字样、竣工时间,项目县县长、教育局局长、项目学校校长姓名,设计、施工、监理等单位名称,建筑面积,资金来源及额度等内容。

第三十六条 各地应当制定宣传工作方案,做好必要的宣传工作,全面准确地宣传党和政府建设安全校舍、保障中小学师生安全的重大举措,使党和政府的惠民政策家喻户晓,深入人心。各地要积极宣传和及时推广好做法、好经验,营造"工程"实施的良好氛围。

第六章 附 则

第三十七条 在项目实施过程中涉及到的有关问题,如本细则未做明确规定的,由各级"校舍安全工程办"协调有关部门和单位,依照相关法律法规予以解决。本级"校舍安全工程办"无法解决的重大问题,要逐级上报。

第三十八条 各省应当依据本细则,制订具体实施办法。

具备条件的地区,可实行"代建制",通过招标等方式选择专业化的项目管理单位,严格控制项目投资、质量和工期,竣工验收后移交项目学校使用。

第三十九条 本细则由教育部、国家发展改革委、公安部、监察部、财政部、国土资源部、住房城乡建设部、水利部、审计署、国家安全监管总局、中国地震局负责解释。

第四十条 本细则自印发之日起施行。

附件 2

全国中小学校舍安全工程监督检查办法

第一章 总 则

第一条 为加强对全国中小学校舍安全工程(以下简称"工程")的监督检查,确保工程质量、安全、进度和效益,依照国家有关法律法规、标准规范和《全国中小学校舍安全工程实施方案》(以下简称"实施方案"),特制定本办法。

第二条 本办法适用于对"工程"实施各环节工作负有责任的相关单位和人员。

第三条 监督检查工作必须坚持实事求是的原则,重实地调查研究、重证据,在适用法律和行政纪律上人人平等。

第四条 监督检查工作实行教育与惩处相结合、监督检查与改进工作相结合。

第五条 监督检查工作建立举报制度。公民对参与"工程"实施的国家机关、公务员和国家机关任命的其他人员、企事业单位及有关人员的违法违纪行为,有权提出控告或检举。

第二章 职责分工

第六条 "工程"实行国家重点督查、省市定期巡查、县经常自查的监督检查机制。各级政府和有关部门按职责分工落实监督检查的各项职责,各司其职,各负其责。

第七条 在国务院领导下,由教育部牵头,监察、审计、安全监管、发展改革、公安、财政、国土资源、住房城乡建设、水利、地震等有关部门共同配合,按照"实施方案"要求,对各地"工程"实施进行重点、专项检查。

各省、自治区、直辖市人民政府和新疆生产建设兵团(以下统称省)负责建立本辖区内"工程"监督检查机制,明确各部门的具体职责;制订"工程"日常监督办法;每半年对"工程"实施情况进行专项检查,对检查中发现的问题,及时组织整改,造成严重影响和重大损失的要追究有关责任人的责任;统筹本省专业力量,对资金量大、校舍改造任务重以及灾害易发地区实行重点督查;督促各市(地区、州、盟,下同)、县(市、区、旗、场,下同)按要求开展"工程"监督检查工作;每半年向全国中小学校舍安全工程领导小组办公室报告监督检查情况。

各市级人民政府负责建立本辖区内"工程"监督检查机制,明确各部门的具体职责;落实上级政府和有关部门制订的"工程"日常监督办法;每季度对"工程"实施情况进行专项检查,对检查中发现的问题,及时组织整改,造成严重影响和重大损失的要追究有关责任人的责任;督促各县按要求开展"工程"监督检查工作;每季度向上级报告监督检查情况。

各县级人民政府按上级政府和有关部门要求,制订并落实本辖区内"工程"监督检查的具体实施方案;督促、协调各部门对"工程"实施情况进行经常性检查,对检查中发现的问题,及时组织整改,造成严重影响和重大损失的要追究有关责任人的责任;每月向上级报告监督检查情况。

"工程"项目学校对校舍安全情况进行日常监管,指定专职人员对项目实施进行全过程监督,发现问题及时向上级主管部门报告。

第八条 教育部门全面负责组织实施"工程"的监督检查工作,协调监察、审计、安全监管等部门,建立高效的"工程"监督体系,对"工程"实行全过程监督检查。主要内容包括:对各部门职责落实情况和"工程"组织管理情况进行监督检查;对"工程"规划和年度项目预算(计划)执行情况进行监督检查;为各项监督检查工作提供学校基本情况和"工程"规划情况。

监察部门负责监督检查地方各级政府、各级政府部门及其工作人员在"工程"实施中的问题;受理违反行政纪律问题线索;调查处理违反行政纪律案件;受理对其违规违纪行为不服监察机关处理决定的申诉。

审计部门负责组织开展"工程"全过程跟踪审计,将"工程"作为审计重点,列入年度审计计划,由省级审计机关负责在审计结束后公布审计结果。

安全监管部门负责组织对"工程"安全生产实施综合监管,对出现的重大安全隐患督促有关部门和地方政府进行整改;对发生生产安全事故的"工程"项目,依法组织调查处理和办理结案,监督有关部门和单位吸取事故教训,采取措施,防范事故。

发展改革部门负责对"工程"年度投资计划执行情况进行监督检查。

财政部门负责对"工程"年度项目预算执行情况进行监督检查。

住房城乡建设部门负责对"工程"项目依法实施建筑工

程质量安全监管,对建筑市场各方主体行为进行监督检查。

国土资源部门负责对"工程"所需建设用地依法使用情况和"工程"项目地质灾害评估情况进行监督检查。

水利部门配合对校舍防汛防台风安全性评估工作以及中小学防汛防台风知识普及工作进行监督检查。

地震部门负责对校舍建设场址地震安全评估、中小学校地震灾害预防知识普及和逃生演练工作进行监督检查。

公安部门负责对"工程"实施进行监督指导,依法审核工程项目的消防设计并进行消防验收,对项目学校周边环境治安隐患以及中小学消防知识普及工作进行监督检查。

第三章 监督检查内容

第九条 监督检查的内容包括排查鉴定、规划制订、加固改造等"工程"实施的各个环节以及"工程"质量管理、资金管理、组织管理情况等。

第十条 对排查鉴定的监督检查重点内容包括:

(一)排查鉴定资金是否到位。

(二)是否按期组织排查。

(三)鉴定机构是否具备相应资质。

(四)检测机构是否按有关技术标准和规定进行检测。

(五)是否对辖区内所有中小学现有校舍进行逐栋排查,是否逐栋出具鉴定报告并签字盖章。

(六)加固改造、避险迁移和综合防灾方案是否符合抗震设防要求及其他综合防灾标准和建设工程强制性标准。

第十一条 对"工程"规划制订、年度项目预算(计划)落实情况的监督检查重点内容包括:

(一)"工程"规划是否符合鉴定报告及加固改造、避险迁移和综合防灾方案的要求，是否与有关专项工程相衔接，是否重点突出。

（二）年度项目预算（计划）是否及时下达。

（三）是否存在未履行报批程序而随意调整"工程"规划和年度项目预算（计划）的情况。

第十二条 对"工程"实施工作的监督检查包括项目选址、可行性研究、立项、招投标、勘察、设计、施工、监理、竣工验收、竣工后运行等各环节。

（一）项目选址是否符合工程强制性标准和国家有关部门发布的《汶川地震灾后重建学校规划建设设计导则》规定，是否避开洪涝易发区，以及病险库、淤地坝、堰塞湖、蓄水池、尾矿坝、储灰库下游危险区域等。

（二）项目可行性研究报告编制单位是否具备相应资质，报批程序是否符合规定，审批是否符合权限、规范、及时。

（三）勘察单位是否具备相应资质，勘察文件是否经县级以上住房城乡建设部门认定的施工图审查机构审查。

（四）是否按规定和程序进行招投标，是否存在将依法必须进行招标的项目化整为零或以其他任何方式规避招标的情况。

（五）设计单位和从业人员是否具备相应资质和执业资格，设计是否与鉴定报告有关加固改造建议相衔接，是否执行了相关标准规范，并满足科学、合理、安全、节约的原则，是否按规定进行施工图审查，设计变更是否符合规定的程序和要求。

（六）施工单位和从业人员是否具备相应资质和执业资格，是否按规定取得安全生产许可证，办理施工许可手续，是否严格按照经审查的施工图和设计单位出具的设计变更进行施工，是否存在肢解发包、违法分包、转包等现象，施工单位安全生产责任制是否健全，机构、人员是否落实，施工现场安全管理措施是否到位，是否采取有针对性的安全防护措施。

（七）监理单位和从业人员是否具备相应资质和执业资格，现场监理人员数量是否符合合同约定，是否按照监理规定的要求开展工作，监理日志和监理报告是否详尽、真实。

（八）竣工验收程序是否规范，主要结论和意见是否符合实际情况，建设项目档案是否完整并按规定移交存档，是否及时办理固定资产移交手续。

第十三条 对"工程"质量、安全管理的监督检查重点内容包括：

（一）是否落实质量管理责任制。

（二）是否建立设备材料质量检查制度。

（三）是否建立工程质量保证体系和现场工程质量自检、重要结构部位和隐蔽工程质量预检、复检制度。

（四）是否有完善的质量管理体系和监理大纲并严格履行监理职责。

（五）是否达到竣工验收标准，是否出现过重大质量事故。

（六）是否建立、健全安全生产责任制。

（七）是否制定安全生产规章制度、操作规程和目标管理措施；

（八）是否保证安全生产的投入。

（九）是否按规定进行施工组织设计、分部（分项）工程安全技术交底、安全检查、隐患排查治理工作。

（十）是否进行安全培训、教育和宣传工作，特种作业人员是否持证上岗。

（十一）是否满足文明施工要求，及时、如实报告生产安全事故。

第十四条 对"工程"专项资金使用和管理情况的监督检查重点内容包括：

（一）"工程"专项资金管理制度是否健全。

（二）"工程"专项资金拨付是否按照财政国库管理制度有关规定执行，是否按照工程进度拨款。

（三）"工程"专项资金是否专款专用，是否存在截留、滞留、挤占、挪用、套取"工程"专项资金，虚列"工程"专项资金支出、白条抵账、虚假会计凭证和大额现金支付等情况。

（四）是否及时进行项目竣工决算审计，是否对"工程"实行全过程跟踪审计。

（五）是否按规定落实有关减免行政事业性和经营服务性收费等优惠政策。

（六）对纳入政府采购范围的项目，是否按照程序采购。

（七）结余资金是否按规定使用与管理。

（八）社会资金来源是否符合有关规定，学校是否存在举债建设的情况。

第十五条 对"工程"组织实施管理的监督检查重点内容包括：

（一）是否及时成立"工程"管理机构；是否建立和执行工作制度、管理制度。

（二）项目实施过程是否严格执行项目法人责任制、招标投标制、工程监理制和合同管理制。

（三）是否建立健全中小学校舍安全档案；是否按规定

标准建立中小学校舍信息管理系统并及时进行动态更新。

（四）是否建立健全以地方行政首长负责制为基础的防汛抗洪责任制，是否有防洪减灾预案和预警系统。

第四章 监督检查方式

第十六条 采用日常监督检查与专项监督检查相结合、内部监督检查与外部监督检查相结合等方式。

第十七条 日常监督检查主要包括：

（一）各有关部门对本系统履行工作职责情况进行监督检查。

（二）审计部门对项目实行全过程跟踪审计。

（三）由省、市有关部门成立专业人员小组，对辖区内项目进行拉网式巡查；派员到重点项目县蹲点，督促、指导、帮助项目县按时保质保量完成建设目标。

（四）执行日常项目公示制度，在施工现场设置项目公示牌，并通过媒体等多种方式和渠道，向社会公布"工程"的技术标准、实施方案、项目规划、工程进展和实施结果。

（五）设置专线举报电话、公众意见箱和网站留言专栏，保证公众意见反馈渠道畅通，自觉接受舆论监督和社会监督。

第十八条 专项监督检查主要包括：

（一）各级教育部门牵头，组织相关部门对"工程"实施情况进行定期或不定期的重点督查和综合性检查。

（二）地方各级政府及有关部门对辖区内"工程"组织专项检查，每年向同级人大、政协报告"工程"实施工作，主动接受法律监督和民主监督。

（三）专项审计或审计调查。

第十九条　内部监督检查由各有关部门组织实施；外部监督检查可根据工作需要聘请外部机构进行检查或审计，一些专业技术性很强的工作，可委托专业机构进行监督检查。

第二十条　"工程"专项监督检查主要方式：

（一）听取项目建设单位及相关单位汇报，进行询问和质疑。

（二）查阅、摘录、复制有关文件资料、档案、会计资料。

（三）实地查看项目实施情况。

（四）召开相关会议，核实情况。

第二十一条　专项监督检查工作结束后，检查组应当及时形成检查报告。主要内容包括：

（一）前期工作情况及分析评价。

（二）"工程"专项资金下达、使用及管理情况分析。

（三）建设管理情况及分析评价。

（四）工程质量、安全情况及分析评价。

（五）项目管理经验和存在的主要问题，以及相应整改建议。

第五章　处理与责任追究

第二十二条　"工程"实施过程中和实施后，如出现以下质量、安全问题，根据有关法律、法规，对所涉及的责任单位及责任人依法进行处理：

（一）校舍加固改造、避险迁移后仍存在安全隐患的。

（二）项目建成后达不到抗震设防及其他综合防灾技术标准的。

(三)"工程"实施中发生重大质量、生产安全事故的。

(四)校舍改造后,因选址不当或建筑质量问题遇灾垮塌致人伤亡的。

(五)其他影响"工程"质量、安全的违法违规行为。

涉及地方人民政府及政府有关部门的,由任免机关或监察机关对有关责任人员依法予以处理。涉嫌犯罪的,移送司法机关依法处理。

涉及建设、勘察、设计、施工或工程监理等单位责任的,由县级以上地方人民政府住房城乡建设主管部门或者其他有关部门依照有关规定给予处罚。涉嫌犯罪的,移送司法机关依法处理。

第二十三条 "工程"实施过程中和实施后,如出现以下资金使用、管理问题,根据有关法律、法规,对所涉及的责任单位及责任人依法处理:

(一)截留、滞留、挤占、挪用、套取中央专项资金或减少本地政府投入,影响"工程"实施的。

(二)布局不合理,规划不当,造成项目加固改造后闲置废弃的。

(三)擅自变更项目预算与投资计划,改变项目学校、增减项目和建设规模、改变建设内容和用途、提高建设标准的。

(四)疏于管理造成国有资产流失的。

(五)其他违规违纪行为。

由各级人民政府和监察、财政、发展改革、审计等部门或者有关主管部门在各自职责范围内,责令改正,追回被侵占、截留、挪用的"工程"专项资金或者物资,没收违法所得,对责任单位给予警告或者通报批评;对直接负责的主管人员和其他直接责任人员，由任免机关或者监察机关按照人事管理权限依法给予相应的纪律处分；涉嫌犯罪的，移送司法机关处理。同时视情节轻重，缓拨、减拨、停拨直至追回相应项目的"工程"专项资金。

第二十四条 对于责令限期整改和通报的项目，检查单位发出整改通知或通报，明确整改内容、整改期限及相关要求。

项目整改单位要按照整改要求完成整改工作，并在规定期限内将整改结果报检查单位。

检查单位在收到整改情况报告后，组织项目整改复查。对复查合格的项目予以书面确认，对于整改不力的，按照本办法第二十二、二十三条予以处理。

第二十五条 对管理制度健全、执行程序规范、实施效果显著的项目单位和地方，予以表彰。

第六章 附 则

第二十六条 在"工程"监督检查过程中涉及到的有关问题，如本办法未做明确规定的，由各级教育部门协调监察、审计、安全监管等部门按照相关法律法规予以解决。本级无法解决的重大问题，应逐级上报。

第二十七条 各省应依据本办法，制订具体监督检查办法。

第二十八条 本办法由教育部、国家发展改革委、公安部、监察部、财政部、国土资源部、住房城乡建设部、水利部、审计署、国家安全监管总局、中国地震局负责解释。

第二十九条 本办法自印发之日起施行。

附件3

全国中小学校舍安全工程技术指南

总 则

第一条 为保障全国中小学校舍安全工程顺利实施,按照国务院关于校舍安全工程的统一部署及《全国中小学校舍安全工程实施方案》的要求,依据《建筑法》、《城乡规划法》、《防震减灾法》、《防洪法》、《气象法》、《消防法》、《安全生产法》、《招标投标法》、《建设工程质量管理条例》、《建设工程勘察设计管理条例》、《建设工程安全生产管理条例》、《防汛条例》、《地质灾害防治条例》等法律法规和《房屋建筑工程抗震设防管理规定》(建设部令第148号)、《房屋建筑和市政基础设施工程施工图设计文件审查管理办法》(建设部令第134号)、《建筑工程施工许可管理办法》(建设部令第91号)、《房屋建筑和市政基础设施工程施工招标投标管理办法》(建设部令第89号)、《房屋建筑工程和市政基础设施工程竣工验收备案管理暂行办法》(建设部令第78号)等部门规章,特制定本指南。

第二条 本指南适用于全国城乡公立和民办、教育系统和非教育系统的所有中小学校舍排查鉴定、加固改造和新建(包括迁建、拆除重建)工作,校舍鉴定和加固主要标准规范目录见附录1,校舍新建工程主要标准规范目录见附录2。

第三条　校舍排查鉴定、加固改造和新建工程应当遵守国家有关法律法规和工程建设标准。

第四条　校舍排查结论及相关资料、鉴定报告、加固改造和新建工程的勘察、设计文件和竣工验收的相关资料除依法备案外，还应报当地中小学校舍安全工程领导小组办公室（以下简称"校舍安全工程办"）备案。排查、鉴定和竣工验收后应按相关要求，将有关数据纳入全国中小学校舍信息管理系统。

第五条　地震灾区中小学校舍排查鉴定、加固改造和新建工作应与当地灾后恢复重建相结合，统一组织实施，其技术要求还应遵守有关专门规定。

一、排查鉴定篇

一　般　规　定

第六条　校舍排查鉴定主要包括：校舍场址安全排查、校舍建筑安全排查、鉴定。

（一）校舍场址安全排查。当地政府应组织有关部门和专业人员通过查阅资料和实地踏勘，必要时通过专项评估，对校舍场址遭受洪涝、病险库、淤地坝、堰塞湖、蓄水池、尾矿坝、储灰库威胁以及台风、雷电、地质灾害、地震地质灾害、火灾危害等安全隐患进行全面排查，提出是否需要迁移避险和专门处置的意见。

（二）校舍建筑安全排查。在确认校舍场址安全或建筑物无法迁移避险，通过查阅档案和实地踏勘等方式对校舍基本情况和建筑的安全隐患进行全面排查，提出校舍建筑是否需要进行鉴定和专门处置的意见。

（三）鉴定。鉴定包括房屋安全鉴定和抗震鉴定。

对经排查需要鉴定的校舍，委托有相应资质或资格的单位进行鉴定，确定校舍是否需要加固改造或拆除重建。

根据鉴定工作要求，对需要进行检测的校舍，由有相应资质单位对校舍建筑进行检测，检测工作内容和深度需满足校舍鉴定工作的要求。

第一章 校舍排查

第七条 校舍场址安全排查应查明校舍遭受洪涝、地质灾害、台风以及病险库、淤地坝、尾矿坝、堰塞湖、蓄水池、储灰库等的威胁情况。

第八条 校舍场址安全排查应充分利用现有的各类灾害危险性评估结果。

第九条 校舍场址安全排查时，下列地段应确定为危险地段：

（一）处于滑坡、崩塌、地面沉陷、地裂缝、山洪、泥石流等危险区的场地。

（二）发震断裂带上可能发生地表位错的部位。

（三）行洪区、蓄滞洪区、雷电重灾区。

（四）遭受病险库、淤地坝、蓄水池、堰塞湖、尾矿坝或储灰库等威胁，且难以整治和防御的高危害影响区。

（五）与输气输油管道，高压走廊、大型变压器，生产、经营、储存有毒有害危险品、易燃易爆危险品场所相毗邻的场地。

（六）有关工程建设标准规定的其他危险地段。

第十条 校舍场址安全排查时，应查明下列地段对校舍安全的影响，判定是否属于危险地段或禁止建设地段，必要时当地政府应组织国土资源、水利、地震、安全监管、消防等部门委托相关专业技术单位进行专项评估：

（一）存在潜在危险性但尚未查明或不明确的滑坡、崩塌、地面沉陷、地裂缝、地震断裂带、山洪、泥石流以及未查明其危害程度的病险库、淤地坝、堰塞湖、蓄水池、尾矿坝或储灰库等场地。

（二）尚未稳定的地下采空区。

（三）地质灾害破坏作用影响严重，环境工程地质条件严重恶化，难以整治的场地。

（四）地下埋藏有待开采的矿产资源的场地。

（五）洪泛区、规模大人口多的蓄滞洪、易洪易涝区及山洪、台风、暴潮、雷电严重威胁区。

（六）与大型可燃材料堆场相毗邻的场地。

（七）存在其他对建设用地限制使用条件的场地。

第十一条 危险地段上的校舍应避险迁建或采取相应消除安全隐患的措施。

第十二条 校舍建筑安全排查的基本内容应包括：校舍概况（名称、用途、建筑面积、建设年代、原勘察、设计、施工、监理单位等），建筑物基本情况（高度、层数、建筑体型、结构类型、基础形式等），勘察、设计、施工、检测、竣工验收文件情况，抗震设防、消防、防洪、抗风、防雷击、受病险库、淤地坝、堰塞湖、蓄水池、尾矿坝或储灰库威胁的情况，以及其他用地安全威胁等防灾情况（使用的防灾标准、历史受灾情况），历史使用和维修改造情况，现场检查情况，存在的主要问题和安全隐患等。

第十三条 下列校舍应作为校舍建筑安全排查重点并优先安排鉴定工作：

（一）发现结构安全有问题的校舍。

(二)老旧校舍,特别是接近或超过原设计使用年限的校舍。

(三)违章违规建造、加层或拆改结构的校舍。

(四)位于地震烈度7度及以上地区和地震重点监视防御区,未进行抗震设防或按照《工业与民用建筑抗震设计规范》设计,且未做抗震加固的校舍。

(五)位于蓄滞洪区、洪泛区、易洪易涝区和山洪灾害高易发区,以及病险库、淤地坝、堰塞湖、蓄水池、尾矿坝或储灰库下游的校舍。

(六)耐火等级、安全疏散和消防设施等不符合相关消防技术标准要求的校舍。

(七)设计建造后当地设防烈度(地震动参数)提高了的校舍。

(八)缺少勘察、设计或工程验收文件的校舍。

(九)原勘察、设计、施工单位资质不符合要求的校舍。

第十四条 排查发现在正常使用条件下存在重大安全隐患的校舍必须立即停止使用;排查发现存在一般安全隐患的校舍应限制使用,对存在安全隐患的部位应加强日常检查和管理工作,防止造成人员伤亡,并督促校舍建设单位尽快安排鉴定和处置工作。

第二章 校舍鉴定

第十五条 经排查需进行抗震鉴定校舍的鉴定应委托有相应资质的单位进行,并符合下列要求:

(一)地震烈度7度及以上地区和地震重点监视防御区,由有相应设计资质的单位按照《建筑抗震鉴定标准》、《民用建筑可靠性鉴定标准》和有关抗震设计规范对校舍进行抗震鉴定，出具抗震鉴定报告，确定校舍是否需要进行抗震加固。有条件时可优先委托有相应资质的原设计单位开展校舍的抗震鉴定工作。

（二）地震烈度6度及以下的非地震重点监视防御区，由房屋安全鉴定机构或有相应设计资质的单位按照《民用建筑可靠性鉴定标准》等对校舍进行房屋安全鉴定，提出房屋安全鉴定报告，根据房屋安全级别确定校舍是否需要加固。

地震烈度6度地区经房屋安全鉴定需进行加固的C级危房，还应进一步作抗震鉴定，提出抗震鉴定报告，加固时应满足抗震设防要求。

第十六条 位于洪泛区、蓄滞洪和易洪易涝区，以及病险库、淤地坝、堰塞湖、蓄水池、尾矿坝或储灰库下游的校舍，要由当地政府组织有关部门委托有资质的单位进行抗淹没、抗洪水冲击的鉴定，台风严重威胁区内的校舍要由有资质的单位进行抗风能力验算。

第十七条 校舍安全鉴定一般包括下列内容和步骤：

（一）初步调查：对图纸资料、建筑物建设和使用历史、受灾历史、现场考察，制定详细调查计划及检测、试验工作大纲并提出需由委托方完成的准备工作。

（二）详细调查：结构基本情况勘查、结构使用条件调查核实、地基基础(包括桩基础)检查、材料性能检测分析、承重结构检查、水情资料分析调查等。

（三）安全性鉴定评级：按构件、子单元和鉴定单元分三个层次进行。每一层次分为A、B、C、D四个安全性等级。

（四）适修性评估：按每种构件、每一子单元和鉴定单元分别进行评估。

（五）鉴定报告：报告深度应满足相关标准和合同规定的要求。

第十八条 校舍抗震鉴定不得降低抗震设防标准，并应包括下列内容：

（一）搜集建筑的勘察报告、施工图纸、竣工图纸和工程验收文件等原始资料；当资料不全时，进行必要的补充实测。

（二）调查建筑现状与原始资料相符合的程度、施工质量和维护状况，发现相关的非抗震缺陷，评估非结构构件（如外走廊栏杆、栏板）在地震中引发次生灾害的可能性。

（三）根据各类建筑建造年代和依据的设计规范、结构的特点、结构布置、构造和抗震承载力等因素，开展构造鉴定和抗震承载力验算，对结构的抗震能力进行综合评价。

（四）对现有建筑整体抗震性能做出评价，对不符合抗震鉴定要求的建筑提出相应的抗震减灾对策和处理意见，对符合抗震鉴定要求的建筑应注明其后续使用年限。

第十九条 校舍的抗淹没、抗洪水冲击等综合防灾能力的鉴定应符合《防洪标准》、《堰塞湖风险等级划分标准》以及《蓄滞洪区建筑工程技术规范》等标准规范的要求，并应包括下列内容：

（一）了解校址地理环境，包括洪涝、台风灾害以及病险库、淤地坝、堰塞湖、蓄水池、尾矿坝或储灰库和地质灾害威胁的情况。

（二）详细调查校舍位置与相关致灾因子的关系，结构基本情况勘查、结构使用条件调查核实、地基基础（包括桩基础）检查、材料性能检测分析、承重结构检查、水情资料分析调查，校舍防洪自保措施和必要的预警避险措施核查；

（三）调查建筑物所处地理位置和周边环境以及建筑现状与原始资料相符合的程度、施工质量和维护状况，发现相关的防灾薄弱环节，评估非结构构件（如外走廊栏杆、栏板）在灾害发生时引发次生灾害的可能性。

（四）根据各类建筑建造年代和依据的设计规范、结构的特点、结构布置、构造和承载力等因素，开展综合防灾计算，对结构综合防灾能力进行综合评价。

（五）对现有建筑整体综合防灾性能做出评价，对不符合综合防灾鉴定要求的建筑提出相应的减灾对策和处理意见，对符合综合防灾鉴定要求的建筑应注明其后续使用年限。

第二十条 结构检测应委托有检测资质的单位按照《建筑结构检测技术标准》等标准规范和鉴定工作要求进行，出具检测报告。当校舍鉴定单位同时具备相应的检测资质时，一般由校舍鉴定单位开展检测工作。

第二十一条 进行校舍检测时，应制定安全工作方案，保证在校师生和检测人员的安全。

第二十二条 有重大文物价值和纪念意义的校舍进行检测时，应符合相关文物保护的要求。

第二十三条 校舍鉴定时，根据校舍建筑不符合鉴定要求的程度、隐患部位对结构安全性能影响程度等实际情况，结合使用要求、加固难易程度等因素的分析，通过技术经济比较，提出相应的维修、加固、改变用途或拆除等处理对策。

第二十四条 鉴定结果为D级危房或存在重大安全隐患的校舍必须立即停止使用，无加固价值的应确保拆除。拆除应由有相应资质的单位承担，并确保拆除过程中的安全。

当建筑物结构加固费用占新建同类工程费用的70%以上以及有特殊情况时,应报省级"校舍安全工程办"审核后拆除重建。

二、加固改造篇

一 般 规 定

第二十五条 校舍加固改造是针对经鉴定需加固改造的校舍实施加固改造,主要包括加固改造设计、加固改造工程施工、加固改造工程竣工验收等环节。

第二十六条 校舍加固改造工程涉及有重大文物价值和纪念意义的建筑时,应符合相关文物保护的要求。

第一章 设 计

第二十七条 校舍加固改造设计应依法委托具有相应资质的设计单位承担。校舍鉴定单位具有相应设计资质的,可优先委托校舍鉴定单位承担。

第二十八条 校舍加固改造设计应当以鉴定报告为依据。

地震烈度6度及以上地区和地震重点监视防御区经抗震鉴定需加固改造的校舍,加固改造设计应符合《建筑抗震鉴定标准》、《建筑抗震加固技术规程》和《混凝土结构加固设计规范》、《建筑抗震设计规范》、《建筑工程抗震设防分类标准》等工程建设标准的要求。

地震烈度6度以下的非地震重点监视防御区经房屋安全鉴定需加固的校舍,加固改造设计应符合相关工程建设标准的要求。

位于洪泛区、蓄滞洪区、易洪易涝区的校舍要满足抗淹没要求、抗冲需求、避险转移需求，并有必要的预警预报设施；受台风威胁地区的校舍要满足抗风要求。

第二十九条 校舍加固改造设计文件应符合国家规定的设计深度要求，并注明工程的后续使用年限。

第三十条 校舍加固改造设计时，设计单位应根据相关工程建设标准，结合实际情况确定是否需要补充或重新进行勘察。校舍加固改造项目勘察应符合《岩土工程勘察规范》、《建筑抗震设计规范》、《堰塞湖风险等级划分标准》等国家相关工程建设标准的要求。

第三十一条 校舍加固改造设计时，对耐火等级、防火分区、防火间距、安全疏散、消防设施、消防水源等不符合相关消防技术标准要求的校舍应报当地消防部门审查备案后进行同步改造，并应达到现行相关消防技术标准要求。

第三十二条 设计单位在校舍加固改造设计文件中选用的建筑材料、建筑构配件和设备，其质量要求必须符合国家规定的标准，并应注明规格、型号、性能等技术指标。

第三十三条 校舍加固改造设计应满足校舍使用功能需要并保障学生正常活动安全。

第三十四条 校舍加固改造设计应考虑建筑节能。鼓励有条件的地区对校舍实施结构加固和建筑节能一体化改造。

第三十五条 在经济合理的前提下，校舍加固改造工程鼓励采用符合国家标准的抗震、隔震、减震等新技术提高校舍的综合抗震防灾能力。校舍加固改造工程使用不符合工程建设强制性标准或尚未制定相应标准的新技术、新工艺、新材料的，校舍建设单位应依法取得"三新核准"，并按照核准的要求实施。

第三十六条 校舍建设单位应当依法将校舍加固改造施

工图设计文件送经住房城乡建设主管部门认定的施工图审查机构审查。

第三十七条 设计单位应当在加固改造施工前,就审查合格的施工图设计文件向施工单位和监理单位进行技术交底,说明工程设计意图,解释建设工程设计文件。

工程勘察、设计单位应当及时解决施工中出现的勘察、设计问题。

第二章 施 工

第三十八条 校舍加固改造工程视为房屋建筑改造工程,校舍建设单位应严格执行工程建设程序,依法取得施工许可,办理工程质量安全监督手续。

第三十九条 校舍加固改造工程的施工应依法进行招投标,发包给特级、一级、二级房屋建筑工程施工总承包企业或具备特种工程专业承包资质的单位承担。施工单位不得转包或者违法分包工程。

第四十条 施工单位应当建立质量责任制,确定工程项目的项目经理、技术负责人和施工管理负责人。

施工单位必须按照审查合格的施工图设计文件和施工技术标准施工,不得擅自修改工程设计,不得偷工减料。施工单位在施工过程中发现设计文件和图纸有差错的,应当及时提出意见和建议。

施工单位应当按照工程设计要求、施工技术标准和合同约定,对建筑材料、建筑构配件、设备和商品混凝土进行检验,检验应当有书面记录和专人签字;未经检验或者检验不合格的,不得使用。

施工单位应当建立、健全施工质量的检验制度,严格工序管理，作好隐蔽工程的质量检查和记录。隐蔽工程在隐蔽前，施工单位应当通知建设单位、监理单位和建设工程质量监督机构。

第四十一条 校舍加固改造工程要制订严格的施工安全方案。严格隔离施工区与教学区，实行工程施工封闭管理，塔吊吊臂旋转范围须限制在施工场区内。

施工单位要根据师生活动范围，搭设防护通道，合理设置警示标志、绕行标志等，提示和引导避让危险，确保在校师生和施工人员的人身安全。

第四十二条 校舍加固改造工程实行监理制度，由校舍建设单位依法进行招投标，委托具有相应资质等级的监理单位进行工程监理。

第四十三条 校舍加固改造工程监理单位应当依照法律、法规以及有关技术标准、设计文件和建设工程承包合同，代表建设单位对改造工程实施监理。监理单位不得转让工程监理业务。

第四十四条 校舍加固改造工程监理单位应当选派具有相应资格的总监理工程师和监理工程师进驻施工现场。

监理工程师应当按照工程监理规范的要求，采取旁站、巡视和平行检验等形式，对校舍加固改造工程实施监理。自开工之日起，工程监理人员应保证每天在工地，按照国家有关施工现场监理的规定，严格检查入场建筑材料质量和施工工序、工艺、方法、进度、质量等各个环节，详细记录监理日志，杜绝不符合设计要求或不符合质量标准的材料进入工地。施工过程中发现重大质量安全问题应依法及时报告。

校舍加固改造工程施工中每道工序，均应由施工单位在做好自检及隐蔽工程记录的同时提出验收申请，由工程监理人员进行现场验收。上道工序验收合格方可转入下道工序施工。

未经监理工程师签字，建筑材料、建筑构配件和设备不得在工程上使用或者安装，施工单位不得进行下一道工序的施工。未经总监理工程师签字，不得进行竣工验收。

第三章 竣工验收

第四十五条 校舍建设单位收到加固改造工程竣工报告后，应依法组织竣工验收。

竣工验收应当具备下列条件：

（一）完成设计和合同约定的各项内容。

（二）有完整的技术档案和施工管理资料。

（三）有工程使用的主要建筑材料、建筑构配件和设备的进场试验报告。

（四）有勘察、设计、施工、工程监理等单位分别签署的质量合格文件：

1. 施工单位出具的工程竣工报告，结构安全、室内环境质量和使用功能抽样检测资料等合格证明文件，施工过程中发现的质量问题整改报告等；

2. 勘察、设计单位出具的工程质量检查报告；

3. 监理单位出具的工程质量评估报告。

（五）有施工单位签署的工程保修书。

（六）位于洪泛区、蓄滞洪区的学校要有水行政主管部门对其防洪自保设施的验收文件。

校舍加固改造工程经验收合格的，方可交付使用。未经验收或验收不合格的项目不得交付使用。

第四十六条 校舍加固改造工程竣工后，由施工单位依法出具项目保修书。保修期内出现质量问题，由施工单位负责返修。

第四十七条 校舍加固改造工程竣工验收后应依法报当地住房城乡建设主管部门备案。

地方住房城乡建设主管部门发现校舍加固改造工程建设单位在竣工验收过程中有违反国家有关建设工程质量管理规定行为的，责令停止使用，由建设单位重新组织竣工验收。

三、新建工程篇

一般规定

第四十八条 校舍新建的主要环节包括规划选址、勘察设计、施工、竣工验收，校舍新建工程应严格执行基本建设程序和工程建设程序，坚持先勘察、后设计、再施工的原则。

第四十九条 校舍新建工程应依法招标，委托有相应资质的勘察、设计、施工、监理单位承担并依法签订相应的合同。

第五十条 新建校舍必须达到重点设防类抗震设防标准，并满足针对洪涝、台风、火灾、雷击、地质灾害等综合防灾要求。

第一章 选址与立项

第五十一条 校舍新建选址应符合城乡规划，避开下列危险地段：

（一）处于滑坡、崩塌、地面沉陷、地裂缝、山洪、泥石流等危险区的场地。

（二）发震断裂带上可能发生地表位错的部位。

（三）行洪区、雷电重灾区。

（四）遭受病险水库、淤地坝、堰塞湖、蓄水池、尾矿库或储灰库等威胁，且难以整治和防御的高危害影响区。

（五）与输气输油管道，高压走廊、大型变压器，生产、经营、储存有毒有害危险品、易燃易爆危险品场所相毗邻的场地。

（六）有关工程建设标准规定的其他危险地段。

第五十二条 校舍新建规划选址、安全防护距离、交通组织设计等，应满足《中小学校建筑设计规范》、《城市抗震防灾规划标准》、《防洪标准》、《堰塞湖风险等级划分标准》等标准规范和国家有关部门发布的《汶川地震灾后重建学校规划建筑设计导则》的要求。

第五十三条 建设单位必须严格按基本建设程序申报项目建议书和可行性研究报告等。

第五十四条 项目建议书内容主要包括：项目建设的必要性和依据、建设地点、拟建规模、建设内容和标准、投资估算和资金筹措、项目进度安排等。

第五十五条 项目可行性研究报告主要内容包括：

（一）项目概况。

（二）项目建设的必要性。

（三）项目建设选址及建设条件论证（应具有土地使用证或用地意向）。

（四）建设规模和建设内容等规划设计方案（规划方案需取得当地规划部门的规划意见书）。

（五）技术条件及外部环境的可行性。

（六）环保、消防、节能、节水等。

（七）总投资估算及资金来源。

（八）投资效益分析。

（九）项目建设周期及工程进度安排。

（十）勘察、设计、施工、监理以及重要设备、材料等采购活动的具体招投标范围。

（十一）结论。

（十二）附件。

第五十六条 在城市、镇规划区内新建校舍，建设单位应当依法取得建设用地规划许可证和建设工程规划许可证。

在乡、村庄规划区内新建校舍，建设单位应当依法取得乡村建设规划许可证。

第二章 勘察设计

第五十七条 中小学校舍勘察设计应符合《岩土工程勘察规范》、《建筑边坡工程技术规范》、《建筑地基基础设计规范》、《建筑抗震设计规范》、《建筑工程抗震设防分类标准》、《建筑设计防火规范》、《中小学校建筑设计规范》、《蓄滞洪区建筑工程技术规范》等工程建设标准的要求。

任何单位和个人不得降低抗震设防标准。

第五十八条 校舍建筑防火设计应当符合有关建筑设计防火规范和《全国中小学校舍安全工程消防技术要求》的规定。设计方案要有利于安全疏散。

第五十九条 勘察单位提供的地质、测量、水文等勘察成果必须真实、准确。设计单位应当根据勘察成果文件进行建设工程设计。设计文件应当符合国家规定的设计深度要求，注明工程合理使用年限。

第六十条 设计单位在校舍设计文件中选用的建筑材料、建筑构配件和设备，其质量要求必须符合国家规定的标准，并应当注明规格、型号、性能等技术指标。

除有特殊要求的建筑材料、专用设备等外，设计单位不得指定生产厂、供应商。

第六十一条 校舍新建设计应考虑建筑节能，符合建筑节能有关标准规范。

第六十二条 在经济合理的前提下，校舍新建工程鼓励采用符合国家标准的抗震、隔震、减震等新技术提高校舍的综合抗震防灾能力。校舍新建工程使用不符合工程建设强制性标准或尚未制定相应标准的新技术、新工艺、新材料的，建设单位应依法取得"三新核准"，并按照核准的要求实施。

第六十三条 校舍建设单位应当依法将校舍施工图设计文件送经住房城乡建设主管部门认定的施工图审查单位审查。

第六十四条 设计单位应当在施工前，就审查合格的施工图设计文件向施工单位和监理单位进行技术交底，说明工程设计意图，解释工程设计文件。

勘察、设计单位应当及时解决施工中出现的勘察、设计问题。设计单位应当参与工程质量事故分析，并对因设计造成的质量事故，提出相应的技术处理方案。

第三章 施 工

第六十五条 校舍建设单位应依法取得施工许可，办理工程质量安全监督手续。

第六十六条 施工单位要严格执行国家有关施工规范、施工操作规程、质量标准和安全规则，按照经审查合格的施工图设计文件施工。

第六十七条 施工单位对校舍新建工程的施工质量及所

采购的设备的质量负责。

施工单位应当建立质量责任制,确定工程项目的项目经理、技术负责人和施工管理负责人。

施工单位必须按照审查合格的施工图设计文件和施工技术标准施工,不得擅自修改工程设计,不得偷工减料。施工单位在施工过程中发现设计文件和图纸有差错的,应当及时提出意见和建议。

施工单位应当按照工程设计要求、施工技术标准和合同约定,对建筑材料、建筑构配件、设备和商品混凝土进行检验,检验应当有书面记录和专人签字;未经检验或者检验不合格的,不得使用。

施工单位应当建立、健全施工质量的检验制度,严格工序管理,作好隐蔽工程的质量检查和记录。隐蔽工程在隐蔽前,施工单位应当通知建设单位、监理单位和建设工程质量监督机构。

第六十八条 校舍新建工程要制订严格的安全施工方案。如在既有校园内施工,要严格隔离施工区与教学区,实行工程施工封闭管理,塔吊吊臂旋转范围须限制在施工场区内。

施工单位要根据师生活动范围,搭设防护通道,合理设置警示标志、绕行标志等,提示和引导避让危险,确保在校师生和施工人员的人身安全。

第六十九条 校舍新建工程实行监理制度。由校舍建设单位依法进行招投标,委托具有相应资质等级的监理单位进行工程监理。

第七十条 校舍新建工程监理单位应当依照法律、法规以及有关技术标准、设计文件和建设工程承包合同,代表建设单位对施工质量实施监理。监理单位不得转让工程监理业务。

第七十一条 校舍新建项目监理单位应当选派具备相应资格的总监理工程师和监理工程师进驻施工现场。

监理工程师应当按照工程监理规范的要求，采取旁站、巡视和平行检验等形式，对建设工程实施监理。自建设项目开工之日起，工程监理人员应保证每天在工地，按照国家有关施工现场监理的规定，严格检查入场建筑材料质量和施工工序、工艺、方法、进度、质量等各个环节，详细记录监理日志，杜绝不符合设计要求或不符合质量标准的材料进入工地。施工过程中发现重大质量安全问题应依法及时报告。

建设项目施工中每道工序，均应由施工单位在做好自检及隐蔽工程记录的同时提出验收申请，由工程监理人员进行现场验收。上道工序验收合格方可转入下道工序施工。

未经监理工程师签字，建筑材料、建筑构配件和设备不得在工程上使用或者安装，施工单位不得进行下一道工序的施工。未经总监理工程师签字，建设单位不拨付工程款，不进行竣工验收。

第四章 竣 工 验 收

第七十二条 校舍建设单位收到建设工程竣工报告后，应当进行竣工验收。

建设工程竣工验收应当具备下列条件：

（一）完成建设工程设计和合同约定的各项内容。

（二）有完整的技术档案和施工管理资料。

（三）有工程使用的主要建筑材料、建筑构配件和设备的进场试验报告。

（四）有勘察、设计、施工、工程监理等单位分别签署的质量合格文件：

1. 施工单位出具的工程竣工报告、包括结构安全、室内环境质量和使用功能抽样检测资料等合格证明文件、以及施工过程中发现的质量问题整改报告等；

2. 勘察、设计单位出具的工程质量检查报告；

3. 监理单位出具的工程质量评估报告。

（五）有施工单位签署的工程保修书。

（六）位于洪泛区、蓄滞洪区的学校应有水行政主管部门对其防洪自保措施的验收文件。

校舍建设工程经竣工验收合格的，方可交付使用。未经验收或验收不合格的项目不得交付使用。

第七十三条 校舍建设项目竣工后，由施工单位出具项目保修单。保修期内出现质量问题，由施工单位负责返修。

第七十四条 校舍新建工程竣工验收后应依法报当地住房城乡建设主管部门备案。

地方住房城乡建设主管部门发现校舍新建工程建设单位在竣工验收过程中有违反国家有关建设工程质量管理规定行为的，责令停止使用，由建设单位重新组织竣工验收。

四、质量责任与监管篇

第七十五条 校舍建设单位应向校舍排查、鉴定、检测勘察、设计、施工、监理等单位提供与校舍安全工程工作有关的、真实全面的原始资料，不得提供虚假资料；不得委托没有相应资质或资格的单位从事校舍鉴定、检测、勘察、设计、施工、监理等工作；不得对从事排查、鉴定、检测、勘察、设计、施工、监理等工作的单位或个人提出不符合法律、法规和强制性标准规定的要求；不得压缩合同约定的工期。

第七十六条 从事校舍鉴定、检测、加固改造和新建工程的单位或个人，应当遵守有关法律、法规和工程建设强制性标准的规定，保证校舍的鉴定、检测、加固改造和新建工程的质量和建筑施工生产安全，依法承担相应责任。鉴定、检测报告应由有相应执业资格的工程师签字盖章。

第七十七条 各级"校舍安全工程办"应对校舍安全排查鉴定、加固改造和新建工程工作进行监督检查。

第七十八条 各级住房城乡建设主管部门及其他相关部门应根据职责分工，加强对校舍排查鉴定、加固改造和新建工程的技术指导。

第七十九条 各级住房城乡建设主管部门及其他相关部门应依法加强对校舍鉴定、检测、加固改造和新建工程的监督管理。把校舍加固改造和新建工程作为本地区工程质量安全监督的重点，发现各方责任主体违反法律法规和工程建设强制性标准的，依法严肃查处。

第八十条 任何单位和个人对校舍排查、鉴定、检测、勘察、设计、施工、监理、施工图审查活动中的违法行为都有权检举、控告、投诉。

附　则

第八十一条 按照城乡规划用作应急避难场所的学校，其选址、规划和设计尚应符合应急避难场所建设的要求。

第八十二条 各省可结合当地实际，制订本指南的具体办法。

第八十三条 本指南由教育部、国家发展改革委、公安部、监察部、财政部、国土资源部、住房城乡建设部、水利部、审计署、国家安全监管总局、中国地震局负责解释。

第八十四条 本指南自印发之日起施行。

北京市人民政府办公厅
关于印发北京市中小学校舍安全工程
实施方案的通知

京政办发〔2009〕32号

各区、县人民政府,市政府各委、办、局,各市属机构:
  《北京市中小学校舍安全工程实施方案》已经市政府同意,现印发给你们,请认真贯彻执行。

二〇〇九年六月十八日

北京市中小学校舍安全工程
实施方案

为贯彻落实国务院办公厅《关于印发全国中小学校舍安全工程实施方案的通知》(国办发[2009]34号),按照住房和城乡建设部《关于切实做好全国中小学校舍安全工程有关问题的通知》(建质[2009]77号)要求,为及时消除学校校舍抗震安全隐患,切实提高本市各级各类学校校舍防震能力,确保广大师生生命安全,在2008年全面抗震排查的基础上,拟用3年时间在全市范围内开展中小学校舍抗震加固改造和防震减灾工程。为有效加强对校舍安全工程的组织实施,确保工程的顺利实施,特制订本方案。

一、指导思想

以汶川"5.12"地震为鉴,坚持"安全第一、预防为主"的方针,牢固树立"宁可千日不震,不可一日无防"的思想,居安思危,防患未然。认真做好校舍抗震加固改造和综合防灾能力建设工作,全面改善本市中小学校舍安全状况,真正把学校建成最安全、家长最放心的地方。

二、工作目标

从2009年开始,用三年时间,对全市中小学存在安全隐患的校舍进行抗震加固、迁移避险,集中重建整体出现险情的D级危房、改造加固局部出现险情的C级校舍,提高综合防灾能力,使学校校舍达到重点设防类抗震设防标准。

中小学校舍同时要符合对山体滑坡、崩塌、泥石流、地面塌陷和洪水、台风、火灾、雷击等灾害的防灾避险安全要求。

三、实施范围

校舍安全工程覆盖城区和农村、公立和民办、教育系统和非教育系统的中小学学校。

（一）对全市中小学校舍进行全面排查鉴定。各区县人民政府组织对本行政区域内各级各类学校（包括学前教育机构）现有校舍（不含在建项目）进行逐栋排查，特别是农村中小学、幼儿园及打工子弟学校作为排查重点，按照抗震设防和有关防灾要求，形成对每一座建筑的鉴定报告，建立校舍安全档案。2008年5月以后已经排查并形成鉴定报告的校舍，可不再重新鉴定，2009年9月30日前完成全市中小学校舍抗震排查和鉴定工作。

（二）科学制订校舍安全工程实施规划和方案。根据排查、鉴定结果，结合当前实施的中小学办学条件达标工程、初中校建设工程和小学规范化工程、建筑节能改造工程等专项工程，科学制订校舍安全工作总体规划和具体的实施计划与方案。未达到建筑节能要求的校舍，应在组织校舍安全工程的同时实施节能改造，改造的标准按照《北京市既有建筑节能改造项目管理办法》（京建材［2008］367)的要求实施。

（三）突出重点，分类、分步实施校舍安全工程。对排查鉴定的校舍进行分类，确定近期和中期改造的重点。对通过维修加固可以达到抗震设防标准的校舍，按照重点设防类抗震设防标准改造加固；对经鉴定不符合要求、不具备维修加固条件的校舍，按重点设防类抗震设防标准和建设工程强制性标准重建；对严重地质灾害易发地区的校舍进行地质灾害危险性评估并实行避险迁移；对根据学校布局规划确应废弃的危房校舍可不再改造，但必须确保拆除，不再使用；完善校舍防火、防雷等综合防灾标准，并严格执行。

（四）新建校舍必须做地质灾害危险性评估，必须按照重点设防类抗震设防标准进行建设。校址选择应符合工程建设强制性标准和国家有关部门发布的《汶川地震灾后重建学校规划建筑设计导则》规定，并避开有隐患的淤地坝、蓄水池、尾矿库、储灰库等建筑物下游易致灾区。

四、组织机构和职责

（一）组织机构

校舍安全工程实施市委市政府统一领导，由发改、教育、建设、规划、财政、国土、地震、水务、监察、审计、安监、公安、文物等部门及各区县人民政府负责组织实施。

成立北京市中小学校舍安全工程领导小组，负责全市校舍抗震加固改造工程实施的组织、管理、协调、监督和检查工作。领导小组办公室设在市教委。

区县人民政府比照市级领导小组构成，组建区级校舍安全工程领导小组和办公室。

（二）部门职责

市发展改革委：根据排查鉴定结果，按照市政府固定资产投资管理规定，对新建校舍进行审批，并根据工程进度及时下拨资金；会同有关部门组织项目进度和质量检查工作；会同有关部门组织项目评估。

市教委：负责组织审查区县中小学校舍抗震加固改造、避险迁移和综合防灾方案；组织监督检查各区县、各学校工程质量和实施进度；组织开展防灾宣传教育，推进防灾示范学校建设；编发简报，推广先进经验，报告工作进展；承担日常协调管理工作。

市住房和城乡建设委：负责对校舍新建和加固工程的检测、施工、监理等各方主体执行法律法规和工程建设标准行为的监督管理；制订质量安全工作方案，依法加强对本地区校舍新建和加固工程各个环节建筑活动的监督管理；配合相关部门制订校舍安全工程的技术指导、技术支持及技术培训的工作方案；负责督促相关单位认真做好施工安全工作，特别重视校舍加固改造时学校师生的安全，制订详细的教学区与施工区隔离等安全施工方案，确保师生绝对安全；配合教育部门开展防震减灾宣传教育。

市规划委：负责配合区县人民政府研究制订地处地震断裂带、滑坡、泥石流、采空区等地震地质灾害易发区学校的避险迁移方案和改造方案；审定学校校园总体规划和中小学布局调整规划；负责办理工程规划审批手续；会同有关部门组织项目进度和质量检查工作；对负责校舍新建和加固工程的勘察、设计单位执行法律法规和工程建设标准的情况进行监督管理，严肃查处违法违规行为。

市财政局：根据排查鉴定结果，负责按比例落实校舍加固改造年度资金计划；研究制订校舍加固改造专项资金管理办法，并组织监督检查资金的使用；会同有关部门组织项目进度和质量检查工作。

市地震局：负责为各区县、学校提供地震重点监视防御区、七度以上地震高烈度区及地震断裂带和地震活动分布情况，会同国土、建设、水务等部门提出安全性评估和建议；协助国土等部门制订地处地震地址灾害易发区学校的改造方案；协助审定中小学布局调整规划和校园建设总体规划；配合教育部门开展防震减灾宣传教育。

市国土局：会同市规划委等部门为各区县提供地震、泥石流、洪涝、采空区等地质灾害分布情况，提出安全性评估和建议；负责协调办理校舍安全工程涉及土地审批问题有关手续；配合教育部门开展防震减灾宣传教育。

市水务局：会同市规划委等部门为各区县提供泥石流、洪涝、采空区等地质灾害分布情况，提出安全性评估和建议；按照防洪规划和历史洪涝灾害情况，配合有关部门开展校舍防洪安全鉴定和新校址的选定；配合教育部门开展防汛宣传教育。

市监察局：负责研究制订《中小学校舍安全工程监督检查管理办法》，对校舍安全工程中负有监督管理职能的政府部门及其工作人员履行职责情况实施监察。

市审计局：负责研究制订《中小学校舍安全工程专项审计办法》；组织对抗震加固专项资金进行审计监督，对校舍安全工程实行全过程审计。

市安监局：负责依法对本市中小学校舍安全工程安全生产工作实施综合监管；指导、协调和监督有关部门安全生产监督和管理职责；依法组织调查处理生产安全事故。

市公安消防局：负责对校舍改造过程中依法应当由消防机构审核、验收的建设工程，进行消防设计审核及竣工后的消防验收；对其他依法应当进行消防设计和竣工验收备案的校舍建设及校舍改造工程按照不低于50%的比例进行抽查；对学校履行法定消防安全职责情况实施监督抽查。

市文物局：负责协调办理列入不可移动文物用于教学用房抗震加固改造方案的有关手续。

举办学校的各单位：负责制订各自举办学校校舍安全工程的实施方案；按现行财政隶属关系筹措改造资金；监督检查所属学校改造工程质量和进度；监督检查防震减灾宣传教

育的开展。

各区县人民政府：负责成立领导小组，制订本区县内学校校舍安全工程方案，并监督实施；负责落实校舍加固改造年度配套资金；根据地质灾害易发区安全性评估和中小学布局调整规划，负责组织编制本区县防震减灾工程规划方案；组织落实每一所学校、每一栋校舍的加固改造、避险迁移和综合防灾方案；组织项目设计、招标、施工、委托监理、质量检查和竣工验收；检查、督促工程进展，严格工程质量安全管理。

五、资金保障

中小学校舍安全工程资金安排由市政府统筹，市、区县共同负担，建立专项资金，列入财政预算。具体分担比例按照区县与市级5∶5共同负担。要切实加强工程资金管理，各级校舍安全工程办公室设立资金专户，实行专户管理，专账核算、集中支付、封闭运行。严禁挤占、挪用、克扣、截留、套取工程专款，不得顶替原有投入，不得用于偿还过去拖欠的工程款和其他债务，不得拖欠工程款。确保资金及时到位，防止学校出现新的债务。

民办学校、独立学院和打工子弟学校的校舍抗震加固改造资金由举办者负担。

六、监督管理

（一）加强检查监督。市级领导小组和各区县人民政府要加强对工程建设的检查监督。对工程实施情况组织督查与评估。校舍安全工程全过程接受社会监督，技术标准、实施方案、工程进展和实施结果等向社会公布，所有项目公开招投标，建设和验收接受新闻媒体和社会监督。

（二）加大责任追究。对发生因学校危房倒塌和其他因防范不力造成安全事故导致师生伤亡的地区,要依法追究区县政府主要负责人的责任。改造后的校舍如因选址不当或建筑质量问题遇灾垮塌致人伤亡,要依法追究校舍改造期间区县政府主要负责人的责任;建设、评估鉴定、勘察、设计、施工与工程、监理单位及相关负责人员对项目依法承担责任。对因工作不力、管理不严或违规操作等造成质量安全隐患或事故的,人为因素影响项目进度、延误工期的,不按规定使用工程专项资金的,疏于管理造成国有资产流失的,以及出现其他重要责任事故的行为,将按照有关规定,追究有关负责人的责任。

(三)加强资金管理。实行按工程进度拨款制度,加快拨款进度;实行工程预决算制度,严格控制工程建设成本,提高投资效益;工程建设要执行相关文件中有关减免行政事业性和经营服务性收费等优惠政策;要对资金使用情况实行跟踪监督;建立资金专项审计制度。对挤占、挪用、克扣、截留、套取工程专项资金、违规乱收费或减少本地政府投入以及疏于管理影响工程目标实现的,要依法追究相关负责人的责任。

(四)建立信息反馈制度。各区县领导小组对各项目单位自项目启动时开始,按月逐级上报工程进展情况,每月5日前上报,及时通过简报等方式反馈工程实施中出现的情况和问题,通报重要事项,介绍工作经验,反映建设成果。市校舍安全工程办公室将通过简报形式通报全市的实施情况。

财政部 国家发展改革委关于免收全国中小学校舍安全工程建设有关收费的通知

财综 [2010] 57 号

各省、自治区、直辖市财政厅(局)、发展改革委、物价局:

为落实《国务院办公厅关于印发全国中小学校舍安全工程实施方案的通知》(国办发 [2009] 34 号)有关规定,保证全国中小学校舍安全工程(以下简称"校舍安全工程")顺利实施,现就免收"校舍安全工程"建设过程中的有关收费问题通知如下:

一、所有中小学校"校舍安全工程"建设所涉及的行政事业性收费,包括经国务院和财政部、国家发展改革委批准设立的全国性及中央部门和单位行政事业性收费,以及经省级人民政府及其财政、价格主管部门批准设立的行政事业性收费,一律予以全额免收。免收的全国性及中央部门和单位行政事业性收费具体包括:土地复垦费、耕地开垦费、土地登记费、征(土)地管理费、房屋所有权登记费、城市房屋安全鉴定费、城市排水设施有偿使用费、白蚁防治费、防空地下室易地建设费、绿化费、排污收费、环境监测服务费、水资源费、特种设备检验检测收费等。

二、中小学"校舍安全工程"建设所涉及的经营服务性收费，在服务双方协商的基础上，提倡有关单位从支持教育事业发展的角度适当予以减收或免收。

三、各省、自治区、直辖市财政、价格主管部门要严格按照本通知规定，认真落实免收"校舍安全工程"建设相关收费政策，并于8月31日前向社会公布免收的具体收费项目目录，同时报财政部、国家发展改革委备案。

四、各级财政、价格主管部门要加强对涉及中小学"校舍安全工程"建设有关收费政策落实情况的监督检查，对不按照本通知落实减免政策的，要按照有关规定进行处理。

二〇一〇年七月二十六日

国家标准《建筑设计防火规范》管理组关于规范第7.3.5条和第11.4.1条有关问题的复函

公津建字 [2010] 14 号

北京市建筑设计研究院研究所:

来函收悉。

一、本规范第5.3.5条第2款规定,超过2层的商店等人员密集的公共建筑应设置封闭楼梯间或室外疏散楼梯。考虑到教学楼的火灾危险性相对较小并结合其使用要求,第5款仍允许该类场所在层数小于等于5层时设置敞开楼梯间,且该敞开楼梯间可以不视为上下层相连通的开口。

二、本规范第11.4.1条第8款规定任一层建筑面积大于1500m^{2}或总建筑面积大于3000m^{2}的儿童活动场所应设置火灾自动报警系统。该儿童活动场所不包括中小学校的教学楼。

此复。

国家标准《建筑设计防火规范》管理组
二〇一〇年四月八日